# 前言

工业设计是一门综合性和交叉性的学科，随着社会的发展和科学的进步，它不断被赋予新的内涵，不断被拓展新的边界，也不断给世界制造着一个又一个惊喜。广义的工业设计几乎包含设计的全部内容，狭义的工业设计是对工业产品的功能、材料、构造、形态、色彩、表面处理、装饰等诸要素，从社会、经济、技术、审美角度加以综合的创新性设计活动。工业设计的核心是产品设计，产品设计是工业设计教育体系与学科建设的重要内容。当今社会，消费者需求多元化，这对产品设计的教学与实践都提出了更高要求，设计时需要将美学与技术、环境、文化、市场等因素结合进行综合考量，这就使得产品造型设计成为一项复杂的系统工程。

产品造型设计是工业设计和产品设计专业的必修课程，它具有基础、过渡和衔接的重要特点。本书主要介绍产品造型设计的理论与方法，围绕“造型”这一核心，综合研究其与功能、材料、结构、文化等因素的关系；讲解产品构型和形态推演等设计文法，帮助学生掌握美学法则在产品造型设计中的运用，树立知识产权保护意识。本书编写突出应用型教学和产教融合育人特色，将价值引领、知识传授和能力培养紧密融合，大量思政元素融入，引导学生在学习专业知识的同时深刻领悟其中所蕴含的思政育人精神；从内容与方法、教与学、做与练等方面，多角度、全方位体现应用型本科设计教育特色，理论学习通过大量的实践案例来验证，让学生在动手做设计的实践中发现造型规律，解决实际问题。章节中典型理论知识配套的实战训练课题很多来自于企业，围绕实战训练的要求与目标讲解优秀作品的创意理念、设计过程与方法，帮助学生加深对理论的理解，掌握方法，学会运用。每章节均有二维码，读者扫码可阅读或下载配套电子课件资源。

本书注重在学习过程中引导学生，对先修课程中的相关内容进行知识链接，打通课程边界，注重课程融合。全书共分为七章：第一章基于先修课程讲解从设计构成过渡到工业设计所需的相关知识与技能储备。第二章讲解产品形态基础的相关知识。第三章讲解产品形态的构成要素，基于先修课程中对点、线、面、体要素的研究，将学习视野拓展到这些要素在产品造型设计中的运用。第四章讲解产品造型设计的美学法则。第五章讲解影响产品造型的相关因素，主要包括功能、材料、结构、文化等。第六章基于前述章节中单个产品的造型研究，将学习视野拓展到多个系列产品，讲解产品族造型的相关知识。第七章讲解产品设计中知识产权保护的相关内容，培养学生进行产品造型设计时的法律意识。

本书凝结了作者十五年教学、科研生涯的感悟与心得，也汇集了历届优秀学生的创意作品，感谢上海电机学院设计与艺术学院全体师生的大力支持！由于作者水平有限，书中如有不妥之处，敬请指正。

作者

2021 年 8 月

高等院校课程思政教材
高等院校艺术设计专业精品系列教材
“互联网+”新形态立体化教学资源特色教材

# 产品造型设计

主 编 朱 彦
副主编 刘博敏 苏 恒

中国轻工业出版社

图书在版编目（CIP）数据

产品造型设计 / 朱彦主编. —北京：中国轻工业出版社，2022.1

ISBN 978-7-5184-3667-5

Ⅰ. ①产… Ⅱ. ①朱… Ⅲ. ①工业产品－造型设计 Ⅳ. ① TB472.2

中国版本图书馆 CIP 数据核字（2021）第 183846 号

责任编辑：李　红　　责任终审：张乃柬　　整体设计：锋尚设计
策划编辑：李　红　　责任校对：吴大朋　　责任监印：张　可

出版发行：中国轻工业出版社（北京东长安街6号，邮编：100740）
印　　刷：北京博海升彩色印刷有限公司
经　　销：各地新华书店
版　　次：2022年1月第1版第1次印刷
开　　本：889 × 1194　1/16　印张：7.5
字　　数：200千字
书　　号：ISBN 978-7-5184-3667-5　定价：48.00元
邮购电话：010-65241695
发行电话：010-85119835　传真：85113293
网　　址：http://www.chlip.com.cn
Email：club@chlip.com.cn
如发现图书残缺请与我社邮购联系调换
210413J1X101ZBW

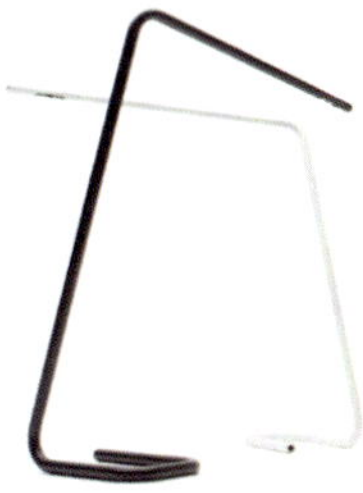

# 目 录

# 第一章

# 从构成到设计

## 学习目的与要求

本章基于先修课程——“设计构成”的学习，讲述了从设计构成过渡到工业设计所需的相关知识与技能储备。要求学生理解设计构成知识体系的核心内容及其研究范畴，理解工业设计的定义及其随时代发展不断延伸与更新的内涵，理解产品造型设计的内涵及其影响因素，以及与设计构成之间的联系。通过本章内容的学习，能为学生架构起一座从设计构成到工业设计的桥梁。

## 学习重点

1. 理解设计构成知识体系的核心内容及其研究范畴。
2. 理解工业设计的定义及其随时代发展不断延伸与更新的内涵。
3. 理解产品造型设计的内涵及其影响因素，以及与设计构成之间的联系，进一步明确产品造型设计是设计构成通往工业设计的一座桥梁。

PPT课件

构成是一种“纯粹的形态创造”，而工业设计是一种“从功能和使用角度确定形态的有目的的构成”，二者既有区别又有联系。从设计构成到工业设计之间存在着一个很大的跨越，需要有一个过渡环节，就是对产品造型设计的研究。

# 第一节 设计构成

“构成”一词来源于德国包豪斯设计学院（Hochschule für Gestaltung，Bauhaus）的“Gestaltung”的译语，是一个与“造型”有关的概念。设计构成是一种将形态要素按照一定原则进行创造的方法，其研究对象是形态的创造规律。

## 一、以“三大构成”为核心的基础造型教育

构成艺术起源于欧洲，发展于美国和日本。“三大构成”包括平面构成、立体构成、色彩构成，是构成艺术的精髓。20世纪70～80年代，我国的设计专业引入了“三大构成”教学，到现在已经成为绝大多数设计基础教育的主干课程。从设计教育的成就来看，“三大构成”的确为我国设计教育做出了巨大贡献，它通过研究抽象形态来认识形态的本质规律，从点、线、面、体、空间、色彩、肌理等要素来研究造型。同时，“三大构成”也关注材料、节点、光影、运动等因素的变化对造型的影响，这使得形态的研究方式和方法从传统图案的感性“经验化”向构成形式的理性“科学化”转变。这是设计教育的一个巨大进步，不仅是形式上的进步，更是观念上的更新。

在我国的设计教育体系中，几乎所有艺术设计专业都要学习“三大构成”，有些设计院校甚至将“三大构成”作为所有设计专业的基础课程。现代工业设计所思考的问题和实现的手段已经发生了极大变化，“三大构成”这种单纯的形态研究方式和视角，已经无法满足现代工业设计所要面对的复杂情境需要，特别是难以满足工业设计综合基础教育的需要。

## 二、现代工业条件下的基础造型教育

现代基础造型课的研究方法是承袭包豪斯的教学体系发展而来的。1919年4月，首任校长瓦尔特·格罗皮乌斯（Walter Gropius，1883—1969）在德国魏玛市成立了包豪斯设计学院，标志着现代设计教育的诞生。1925年，包豪斯迁址到德绍，制订了新的教学计划，主要课程体系如下。

（1）基础课程：

瓦西里·康定斯基（Василий Кандинский Wassily Kandinsky, 1866—1944）的课程：①自然的分析与研究；②分析绘图。

保罗·克利（Paul Klee, 1879—1940）的课程：①自然现象的分析；②造型空间、运动和透视研究。

约翰·伊顿（Johannes Itten，1888—1967）的课程：①自然物体练习；②不同材料质感练习；③古代名画分析。

拉士罗·摩荷里·那基（László Moholy-Nagy，1895—1946）的课程：①悬体练习；②体积空间练习；③不同材料结合的平衡练习；④结构练习；⑤质感练习；⑥铁丝木材结合；⑦构成及绘画。

约瑟夫·艾伯斯（Josef Albers，1888—1976）的课程：①结合练习；②纸造型；③纸切割造型；④铁板造型；⑤白铁皮造型；⑥铁丝造型；⑦错觉练习；⑧玻璃造型。

（2）其他基础课程：色彩基础、绘画、雕塑、图案、摄影等。

（3）工艺基础课程：木工、家具、陶瓷、钣金工、着色玻璃、编织、印刷等。

（4）其他专门课程：展览、舞台、建筑、印刷设计等。

从以上课程体系可以看出，包豪斯迁址办学后的教学体系已经趋于完善。尤其那基负责的空间设计、艾伯斯负责的材料结构、切割与造型等一系列从现代工业设计概念中发展出来的新课程，基本适应了现代设计教学的需要，弥补了以传统图案和“三大构成”为教学研究中心的不足，紧紧围绕“形态”这一中心，综合研究材料、结构、工艺、色彩、肌理等因素与形态的有机联系，协调这些因素之间的相互限制关系。

### 三、设计构成的教学目的

设计构成的教学目的是让学生学会如何运用构成的基本元素，按照构成的基本规律和法则组合出不同的构成形式，探讨更多构成组合的可能性，并在视觉、材料和空间运用上展开深入广泛的探讨和研究。构成是研究形式和造型规律的基础课程，单纯化、抽象化和高度概括的形式美是构成的基本特征。对这些基本特征的认识，是从事任何艺术设计的人员都应具备的能力。

学习设计构成的目的是在现代设计中更好地应用构成原理，构成是为设计服务的，构成包含在设计之内。作为与人们生活密切相关的现代设计，由于其独特的社会性和功能性，必然会在设计中对美的形式规律加以研究。而一个好的设计师所创造出来的产品除了具有一定的使用价值外，还必须注意对形式美的追求，这些都渗透着设计构成的原理。现代设计运用设计构成的原理，可以增强人的审美情趣，给人以启迪与联想，达到耐人寻味的艺术效果。

## 第二节　工业设计

工业设计是随着社会的发展、科学的进步，人类社会进入现代生活后发展起来的一门新兴学科。它从诞生之日起，就不断给世界带来惊喜，并在一个多世纪的发展过程中又不断被注入新的活力与内涵。

工业设计是经过产业革命实现工业化大生产后的产物。工业设计（Industrial Design，ID）一词最早出现在20世纪初的美国，之后在世界各地广泛传播。成立于1957年的国际工业设计协会联合会（The International Council of Societies of Industrial Design，ICSID）是工业设计的最高管理机构，总部设在比利时的布鲁塞尔。

### 一、1980 年的工业设计定义

国际工业设计协会联合会曾多次组织专家给工业设计下定义，在1980年举行的第十一次年会上公布的工业设计定义为“就批量生产的产品而言，凭借训练、技术知识、经验及视觉感受而赋予材料、结构、构造、形态、色彩、表面加工以及装饰以新的品质和资格，称为工业设计。”根据当时的具体情况，工业设计师应就上述工业产品的全部或其中的几个方面开展设计工作。而且，当需要设计师对包装、宣传、展示、市场开发等问题的解决付出自己的技术知识和经验，以及视觉评价能力时，也属于工业设计的范畴。

### 二、2006 年的工业设计定义

国际工业设计联合会于2006年对工业设计的定义做出新说明，即工业设计是一种创造性的活动，其目的是为物品、过程、服务以及它们在整个生命周期中构成的系统建立起多方面的品质；工业设计是一种包含专业非常广泛的活动，产品、服务、平面、室内和建筑都在其中。这些活动都应该和其他相关专业协调配合，进一步提高生命的价值。

### 三、最新的工业设计定义

2015年10月17日—18日，在韩国光州召开了国际工业设计协会第29届年度代表大会，会上将沿用近60年的“国际工业设计协会（ICSID）”改名为“国际设计组织（WDO）”，并对工业设计做出了新的定义：（工业）设计旨在引导创新、促发商业成功及提供更好质量的生活，是一种将策略性解决问题的过程应用于产品、系统服务及体验的设计活动。它是一个跨学科的专业，将创新、技术、商业、研究及消费者紧密联系在一起，共同进行创造性活动，将需要解决的问题、提出的解决方案进行可视化，重新解构问题，并将其作为建立更好的产品、系统、服务、体验或商业网络的机会，提供新的价值以及竞争优势。（工业）设计通过其输出物对社会、经济、环境及伦理方面问题的回应，旨在创造一个更好的世界。

由此可见，工业设计的定义，其内涵和外延都极具拓展性，有广义和狭义的理解。广义的工业设计几乎包括设计的全部内容；而狭义的工业设计是指工业产品的设计，其核心是对工业产品的功能、材料、构造、形态、色彩、表面处理、装饰诸要素从社会、经济、技术、审美的角度进行综合处理。

## 第三节　产品造型设计

### 一、产品造型设计的内涵

从以上工业设计的定义可以看出，产品造型设计属于工业设计的范畴。产品造型设计是指以产品形态为中心，围绕功能、材料、结构、文化等因素赋予特定产品以新的品质。我国古代思想家墨子曾提到：“食必常饱，然后求美；衣必常暖，然后求丽；居必常安，然后求乐。”随着社会的进步与科学技术的高速发展，人民的生活水平不断提高，物质产品极大丰富，人们不再满足于简单的温饱，对生活品质有了更高追求。人们对产品的需求也不再单纯局限于使用功能，而更多是追求产品的“软价值”，这种“软价值”就是指产品通过造型设计来满足消费者的情感诉求，并向社会与市场传达出产品自身的价值。

## 二、产品造型设计的影响因素

产品供人使用，以满足人在生活和工作中的需要，其功能目的的实现是关键，但最终还是要由一个具体的物化形态来表现，产品造型设计离不开具体形态的塑造。与此同时，产品形态不是一个孤立的外观形式，而是材料、结构、人机关系以及生产工艺等因素综合组成的产品功能的外在表现。物化的产品是由材料、结构等因素组成的，同时还包含美的情感因素。这种情感因素是人类复杂的心理需求，通过产品美的形态，使用户了解到产品的使用功能、操作方式、文化内涵等一系列相关内容。

功能是产品设计的决定因素，不同的功能可以产生不同的产品形态，但功能并不是影响产品形态的唯一因素。同一种功能，因受到其他产品要素的影响，可以产生多种形态，这也是工业设计与纯机械产品设计的区别所在。

材料条件和结构形式是实现产品功能和形态的基础，采用不同的材料和结构形式制造的产品，都会表现出不同的形态。功能、材料、结构与形态之间，功能是目的，材料、结构是条件，形态是表现手法，这些要素之间是对立与统一的关系。

## 三、设计构成与产品造型设计的联系

产品造型设计是以工业产品为设计对象，在满足其工业品属性的前提下，凭借设计师的创造力与独有的艺术表现手段，设计出实用、美观、经济的产品。产品造型设计由形态、功能、结构、材料、人机等要素组成，具备使用价值、美学价值、经济价值、人文价值和情感价值，需要与多学科知识相融合，设计出合理的产品造型。

设计构成强调的是造型的过程而不是结果，产品造型设计则更强调造型的过程与形成结果的关系。设计构成是以形态、材料等为素材，按照视觉效果、力学、心理学、物理学等原理进行的一种组合；产品造型设计则是以设计构成为基础，综合运用心理学、材料学、物理学等诸多学科而形成完整概念的设计原理，是设计构成通往工业设计的一座桥梁。

# 第四节 实战训练——线材构成设计

## 一、设计要求

（1）用漆包线作为制作材料，设计三维尺寸在20cm×20cm×20cm约束范围内的一件线材构成作品。

（2）构思形态时以减少连接部件和连接点的数量为最优解决方案，尽量用一根漆包线完成作品主体的塑形。

## 二、预期目标

（1）训练学生在掌握先修课程——“设计构成”的相关理论后，能初步设计一些具有使用功能的产品，逐步由纯形式的造型行为过渡到对功能性产品造型的系统性思考。

（2）训练学生掌握利用漆包线进行立体形态塑造的基本方法，培养学生具备线材构成的形式美感的能力。

## 三、优秀作品

如图1-1所示为不同造型的桌面装饰件，其中有些设计方案的造型结构还可以用来夹住便笺纸，作为桌面提醒备忘录使用。

如图1-2所示为不同造型的两轮车装饰件。

如图1-3所示为不同造型的扇子装饰件。

图1-1 桌面装饰件

图1-2 两轮车装饰件

图1-3 扇子装饰件

如图1-4所示为不同动物造型的桌面摆件。

如图1-5所示为不同人物造型的装饰件。

如图1-6所示为在重力作用下“会动”的鸟笼小物件。

如图1-7所示为功能性产品，运用线材的造型语言勾勒出手枪的主要形态特征。

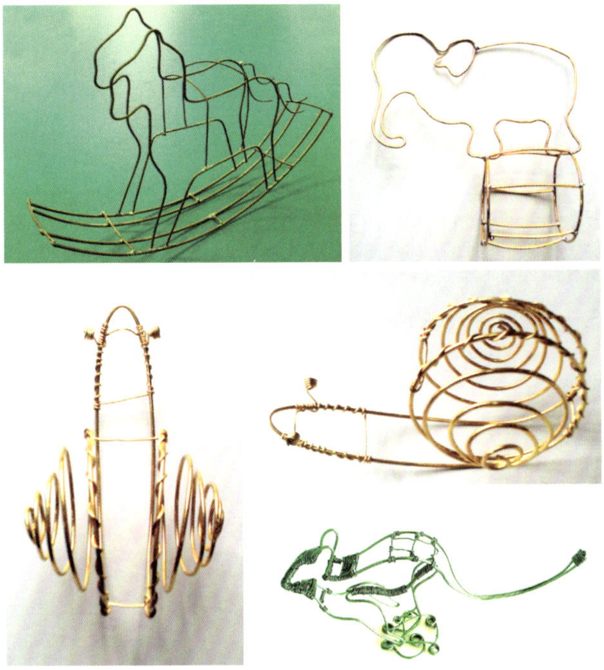

图1-4　动物造型的桌面摆件

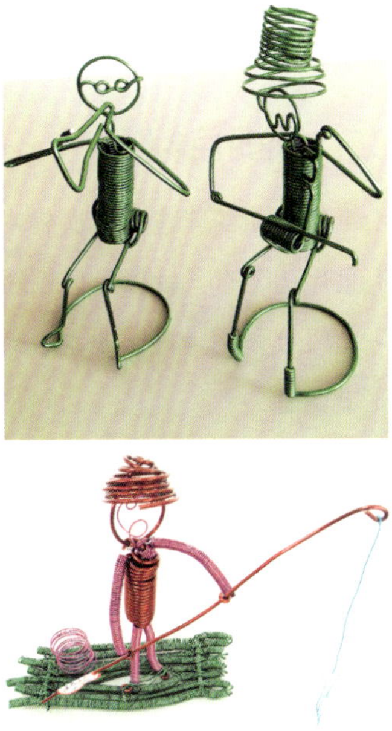

图1-5　人物造型装饰件

图1-6　鸟笼小物件

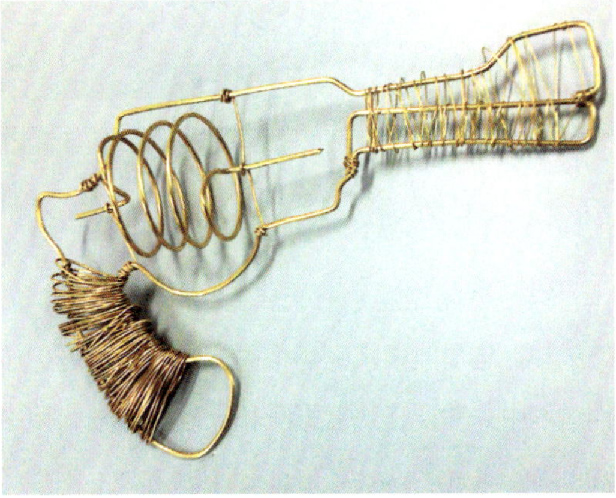

图1-7　手枪造型装饰件

## 四、设计回想

构成是一种“纯粹的形态创造”，在线材构成设计实战训练中，学生需要在以往纯形态设计的经验中，充分理解线材的形态语言和特征并进行适当的功能要素表达，具备协调功能与形态之间关系的能力与意识。

# 第五节　实战训练——面材构成设计

## 一、设计要求

（1）用2mm厚的ABS板材作为材料，制作三维尺寸为10cm×10cm×10cm的立方体储物盒。

（2）在立方体相邻的三个面上设计镂空形态，构思时注意同一个形态在平面与立体维度中的相互联系与区别，准确把握平面形态的三维投影关系。

## 二、预期目标

（1）训练学生在掌握先修课程——“设计构成”的相关理论后，能初步设计一些具有使用功能的产品，逐步由纯形式的造型行为过渡到对功能性产品造型的系统性思考。

（2）训练学生掌握利用ABS板材进行构造的基本方法，培养学生具备面材构成的形式美感。

（3）培养学生树立精确的尺寸与公差意识。

## 三、优秀作品

如图1-8所示为不同镂空形态的趣味立方体储物盒，可放置文具或小型办公用品。

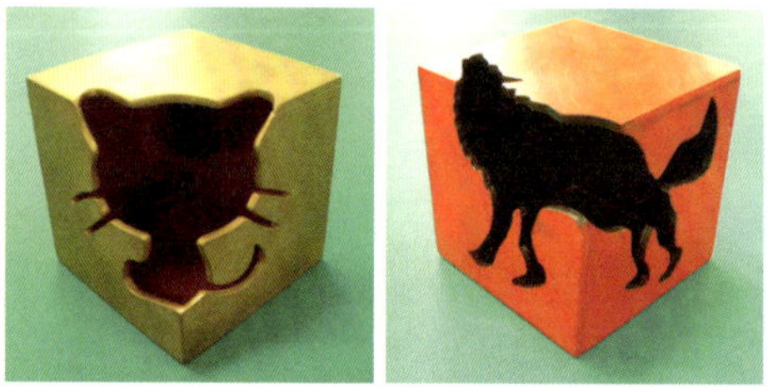

图1-8　趣味立方体储物盒

## 四、设计回想

立方体储物盒是一个具备简单实用功能与装饰效果的产品，相邻三个面上镂空形态的塑造与功能要素密切相关，需要综合考虑放置物品时的实际场景，学生在设计与制作过程中，需要在功能影响和尺寸与公差约束中去思考并展现形态。

## 思考题

1. 2015年10月17—18日在韩国光州召开的国际工业设计协会第29届年度代表大会上，提出的工业设计定义是什么？

2. 设计构成与产品造型设计之间的联系是什么？学习设计构成对于产品造型设计有何帮助？

# 第二章

# 产品形态基础

## 学习目的与要求

本章讲述了产品形态基础的相关知识，要求学生理解形态的概念与分类，形成对产品形态的基本认知，了解形态在产品设计中的重要作用，理解产品形态观的发展及其对产品造型的影响，能针对基础几何体进行形态推演的分析与设计。通过本章内容的学习，使读者能深刻认识到任何产品的形态都可以归结为基础几何形体以及这些形体之间的组合。

## 学习重点

1. 理解形态的概念与分类。
2. 理解产品形态观的发展并能分析不同产品形态观影响下的产品造型案例。
3. 掌握针对基础几何体进行形态推演的分析与设计方法。

## 思政元素融入

通过本章内容的学习，学生系统掌握了设计史中产品形态观的发展，认识到任何事物都是在不断发展和变化的，墨守成规会被历史淘汰，只有不断探索和创新，才能打破惯性思维，达成认知和思想上的新高度，做出重大的发明、发现，创新精神是国家和民族发展的动力。

几何体的演变设计实战训练能锻炼学生准确表达客观物体造型的能力，培养客观求实的科学探索精神。

PPT课件

# 第一节 形态的概念

世上万物皆有形，认识一种事物，通常是从视觉或触觉上对其形态的直观体验开始的。形态是一种事物或结构所呈现出来的视觉特征，由于物质种类间的差异，表现出的形态也有所差别。

早在原始社会时期，人们就开始以自然界中的自然形态为范本，进行有意识的模仿创造。为了生存需求，人们逐渐突破单纯模仿自然形态思维的束缚，进而演变、创造了一些自然界中原本不存在的人为形态为己所用。

随着新材料和新技术的发展，人们借助一定的材料和技术去创造兼具使用功能和精神功能的物品。然而，功能并非形态设计中的首要条件或唯一出发点，随着时代的变迁以及人类需求的多样化，人类对产品形态的表达不仅仅局限于对其功能的描述，还要赋予其情感和意志的表达，并具有某种审美意义。

# 第二节 形态的分类

在人类生活的世界中，充满了各种各样的事物，且各具形态。世界上没有完全相同的两片树叶，形态也是如此。在这些不同的形态中，总可以发现某些形态具有一些共同的特征，基于这些共同特征，可以将形态进行分类。

按照对形态的自身属性进行分类，分为自然形态与人工形态；按照对形态的感知方式进行分类，分为具象形态与抽象形态。

## 一、自然形态与人工形态

现实生活中的形态可以分为自然形态与人工形态，自然形态又可以分为生物形态和非生物形态，按照成型规律还可分为偶然自然形态与规律自然形态，现实形态都具有其特定的材料与结构，又都是材料与结构的外在表现形式。

1. 自然形态

自然形态是指在自然法则下，依靠自然力以及自然规律形成的各种可视或可触摸的形态，它不随人的意志改变而存在，并且是没有经过人工制造的形态。

（1）生物形态和非生物形态。大自然是一座宝库，存在着各种美丽的事物，包含各种生物与非生物的自然形态。生物形态是指具有生命或曾经具有生命的形态，如各种动物、植物等，都属于生物形态；非生物形态是指没有生命的形态，如峡谷瀑布、棱镜温泉、精致山石、间歇喷泉等。

（2）偶然自然形态与规律自然形态。偶然自然形态是指一些物体在自然界中偶然形成的形态，它们属于自然形成，不经过人为加工而成的形态。如雷雨时天空中出现的闪电，自然界中的群山、大海、云彩、烟雾、波纹等；物体受到自然力后产生的撕裂、断裂的形态，如物体经风力影响，摔在地上破碎而产生的形态等。偶然形态是一种寻求可以表现某种情感特征的形态，也称为不规则形态，它体现出非秩序性的特点，变化多端、轻快而富有节奏，带给人一种特殊、生动、活泼、无序与刺激的感觉，但是形态难以预测与把控。尽管偶然形态并不都具有美感，但由于这种形态具有一种特殊的自然力感和意想不到的变化效果，因而能给人新的启示或某种联想，有时这种形态更具独特魅力和吸引力。

规律自然形态是指由自然规律形成的、具有秩序感的自然形态，通过显微镜观察，可以发现很多生物的内部结构都具有某种秩序与规律，例如生物细胞，这些规律可以为设计活动提供创意源泉。实际上人类很早就从植物中探究出了数学特征，如图2-1、图2-2所示，花瓣对称排列在花托边缘，整个花朵呈现出辐射对称形状，叶子沿着植物茎或杆相互叠起，叶片上的叶脉呈对称分布，这些都是自然生物富有规律的表现。所有这一切植物的生长规律展示了许多数学特征，这为产品造型设计提供了更多灵感。

2. 人工形态

自然形态对于产品的形态设计而言只是一个起点，通过对自然形态的仿生与重构设计，就有了人工形态。人工形态是人类为了生存和适应外界环境，运用设计思维对客观存在的自然形态加以组织、提炼并加工，通过劳动在材料要素之间进行组合，从而产生的新形态。

人工形态不同于自然形态，它是人类通过有意识、有目的的实践活动创造出来的新物质。这种形态要满足功能性，既可以是实用功能，也可以是精神功能。建筑物、汽车、雕塑等形态都属于人工形态，其中建筑、汽车是从满足实用功能的角度来设计的形态，而雕塑等则是一种将形态本身作为欣赏对象的纯艺术形态，没有实际使用功能，仅仅满足人的精神需求，这就使人工形态根据其使用目的的不同，所具备的功能属性也不同。

图2-1 花瓣

图2-2 叶子

人工形态是人类在改造自然的过程中所产生的，它的形成包含两个重要方面，即工具与材料。它们直接影响着人类社会的生产力与生产关系，所以它与人类的关系最为密切，也承载着人类文明发展的信息，如生产力的水平、生产关系、文化信息等。

人类通过自身的智慧，在大自然的宝库中创造出各种人工形态，在人们生活的世界中，除了自然形态，剩下的几乎都是人工形态，这些人工形态不仅数量大，而且种类繁多，几乎涵盖了人们生活的方方面面，例如，人们使用的家用电器、穿的衣服、居住的室内空间、欣赏的艺术品等，甚至包括医学上所使用的一些器材等，人们的衣食住行，都是各种人工形态的集合。

## 二、具象形态与抽象形态

形态根据造型特征可分为具象形态与抽象形态。

### 1. 具象形态

具象形态是指依照客观物象的本来面貌构造的写实形态，反映物体的真实细节和典型的本质特征。具象形态就是仿造描绘真实的原本形态，或者接近客观原形，使人一眼就能看出形态的全貌，理解形态的本意。具象形态的特点是真实、细腻、生动。

### 2. 抽象形态

抽象形态是指在对具象形态进行充分认识与研究的基础上，保留其本质特征，去除非本质特征并综合多方面的要素，进行归纳、概括与提炼，从而形成新的形态。抽象形态并不是直接模仿原形，而是根据原形的概念及意义创造新的观念符号，抽象形态不要求人们直接去理解形态本来的形象与含义，而是要观者结合自身的感知能力与想象能力，去体会造型的含义与意境。因此，抽象形态的特点是简洁、概括，不拘泥于细节的罗列，通过简洁的元素来体现造型之精髓，传达意境之美感。

为了进行形态研究，就必须将具象的形态进行高度提炼与概括，利用不同的基本元素去表达。这些元素也是通过对现实形态进行总结与分析，不断提取而创造出来的。抽象形态一般包括几何特征抽象形态、自然界中的一些有机抽象形态和偶然抽象形态。

（1）几何特征抽象形态。世界中的物体千姿百态，但基本上可以归纳为纯几何形，如正方形、三角形和圆形等，将平面形状转化为立体形态又可以转化为立方体、锥体、球体等几何形态。

几何形态是几何学上的形体，它是经过精确计算而做出的形体，具有单纯、简洁、庄重、调和、规则等特性。几何特征的抽象形态有以下种类：球体、圆柱体、圆锥体、扁圆球体、扁圆柱体、正多面体、曲面体、正方体、方柱体、长方体、八面体、方锥体、方圆体、三角柱体、六角柱体、八角柱体、三角锥体等。此类形态给人以理性、逻辑之感，但同时也易使人产生冷漠、生硬的心理感受。

（2）有机抽象形态。有机抽象形态是指有机体所形成的抽象形态，如生物的细胞组织、肥皂泡、鹅卵石的形态等，这些形态通常带有曲线的弧面造型，形态显得饱满、圆润、单纯而富有力感。该类形态中仍保留某些自然具象形态的特征，且具有圆滑、单纯、超越机能性的美感，有利于表现情感张力。

（3）偶然抽象形态。偶然抽象形态是指通过自然力或人力，没有具体目标，随意产生的抽象形态。如搅拌液体产生的波纹、水中投入石块溅起的水花、敲打玻璃形成的碎纹等。这些抽象形态富有变化，曲线形态居多，灵动富有生机。该类形态是由某种偶然因素形成的，并非完全由人主观控制，很大程度上具有随机性，有利于表现一种自由和洒脱的心理感受。

总之，自然界中蕴藏着极其丰富的形态资源，它是艺术与设计创作取之不尽、用之不竭的源泉，对产品造型设计活动而言是宝贵的财富，许多设计师正是从大自然中获得灵感，从自然的形态中将美的要素提炼出来，从而创造出大量的优秀设计作品。

在设计方法学中有一种设计方法被称为仿生学，其中最常用的手法就是模仿生物的形态进行造型设计。仿生学作为一门独立的学科是在1960年出现的，它将研究生物系统的结构特性、能量转换和信息过程中获得的知识，用来改善和创新人工制品的技术功能和结构原理。这是一种生物模拟的方法，从生物现象及其生命过程中抽取适用于技术系统的原理和结构，作为发展新技术的重要途径之一。

图2-3　美国纽约古根海姆博物馆

图2-4　美国纽约古根海姆博物馆内景1

图2-5　美国纽约古根海姆博物馆内景2

图2-6　美国纽约古根海姆博物馆天顶

许多经典的设计案例都是从壳体的螺旋结构和形态获得灵感的。如图2-3~图2-6所示，美国纽约古根海姆博物馆是美国20世纪最著名的建筑师弗兰克·劳埃德·莱特（Frank Lloyd Wright，1867—1959）在晚年的杰作。1959年建成后，一直被认为是现代建筑艺术的精品，它像是一只被截短的贝壳，在螺旋上升的过程中变得越来越宽，展厅以螺旋线方式环绕着圆形建筑，观众可以连续从底层盘旋的无障碍通道，边走边参观，直到建筑的高层，莱特用向上的螺旋线表达对远方和广阔空间的追求。博物馆的另外一个特点是莱特利用螺旋线的特征创造了一种特殊的视觉效果，即在外面看并不算很高的博物馆，在内部空间看却使人觉得很高。可见，自然形态是人类进行设计创造的灵感源泉。

如图2-7所示是名为Happig的储物容器，这个产品的名字特意引用了“幸福”这个词的英文“Happy”中的部分字母，希望能给用户带来好运。它的背面是一个铰链连接的盖子，其圆润的造型让人联想到斑点猪，既提供了实用的储物空间，也起到了装饰作用。

如图2-8所示，休憩亭的造型来源于球茎植物的根部形状，采用了可弯曲的高压层压板。在亭子中心，有机形状的木柱可为藤蔓类植物生长攀爬提供支撑。

如图2-9所示，便携式猫包为猫和主人提供了舒适的旅行体验。产品有两个窗口，使猫在旅行的过程中能向外看，获得安全感，猫也可以单独从侧门进入，载体在不使用时容易折叠。

图2-7　储物容器（Happig）

图2-8　休憩亭

图2-9　便携式猫包

图2-10　蓝牙扬声器系列灯

图2-11　躺椅（Dove）

如图2-10所示是蓝牙扬声器系列灯，造型为卡通动物形象，由柔软的乙烯基制成，可以通过智能手机控制。

如图2-11所示，躺椅（Dove）外形轮廓的设计灵感来自飞鸽的剪影，椅子流动与优雅的有机造型让使用者可以坐和躺两种不同的休息姿态来使用它。

# 第三节　产品形态的基本认知

## 一、艺术形态创造与产品形态设计

艺术形态创造是指艺术家以一定的世界观为指导，运用一定的创作方法，通过对现实生活的观察、体验、研究和分析，选择、加工与提炼生活素材，塑造艺术形象，创作艺术作品。艺术形态创作是人类为自身审美需要而进行的精神生产活动，是一种独立的、纯粹的、高级形态的审美创造活动。

产品形态设计与艺术形态创造有很大区别，设计师进行产品形态设计时，不仅要创造富于美感的形态，还要处理好形态与功能、形态与材料、形态与结构、形态与工艺、形态与技术等之间的关系。经常说产品设计是带着镣铐跳舞的过程，就是从这个意义上来理解的。

好的产品形态能够带来美的享受，而审美需要是人的客观需要之一。在产品功能类似的情境下，用户会更加关注产品的形态。对产品而言，形态是功能的载体，对设计师而言，核心任务是完成产品的形态设计以及处理形态与其他要素之间的关系。因此，产品形态设计是工业设计流程中非常重要的一个阶段。

## 二、产品的“形”与“态”

产品的形态，本质上包含了“形”和“态”两层含义，即“形状”和“神态”。“形”通常是指一个产品外在的体貌特征，是产品在一定条件下可见的外在表现形式，它是由产品的边界线，即轮廓线所围合成的展示形式，包括产品外轮廓和产品内轮廓。产品外轮廓主要是视觉可以把握的产品外部边界线，而产品内轮廓是指产品内部结构的边界线。产品的“形”是相对于空间而存在的，产品形之美是空间形态和造型艺术的结合。“态”通常是指产品内在呈现出的精神特征，是蕴藏在产品内的精神状态。产品的“态”依附于产品的“形”而存在，是指产品可被感觉的气质与神态，同一“形”的产品可以呈现不同的“态”，犹如同样的人可以穿不同的衣服，做出不同的表情，摆出不同的姿势，并传递不同的情感。

任何产品都是“形”和“态”的综合表现。它们之间是相辅相成、不可分割的统一体，是产品内部的力和来自外界的力共同作用的结果。“形状”是直观可见的，具有客观性；“神态”是内在的，往往带有观察者的主观色彩，“仁者见仁，智者见智”。在设计过程中，设计师既要创造产品美的外形，还要赋予产品美的神态，要做到“形神兼备”。

# 第四节　形态在产品设计中的重要作用

## 一、 产品形态的影响因素

在物质极大丰富和科学技术高度发达的今天，人们已经不再满足于产品的使用功能，对产品的适用性、宜人性、舒适性和美观性等有了更多期待，并以此作为评价产品口碑优劣的一个重要方面。

形态必须是以物质为载体的，例如一台笔记本电脑，通过外部形态可以判断出它的功能与属性；通过按键的形态，可以判断出按键的使用方式；通过机器外观，可以判断其体积大小与产品的类别，因此产品的形态总是与功能、材料及工艺、人机工程学、色彩、心理等要素密不可分的。在评判产品形态时，也总是将其与这些基本要素联系起来，产品形态是通过功能、材料及工艺、人机工程学、色彩、心理等要素所构建的“特有势态”给人的一种整体视觉感受。在产品形态设计中，可以通过各种方法和手段，使产品形态呈现出不同的感觉，这就是产品形态的表现力。

图2-12 惠普游戏笔记本电脑（Omen X17）

图2-13 微软商务笔记本电脑（Surface Laptop）

如图2-12和图2-13所示，分别是惠普游戏笔记本电脑（Omen X17）和微软商务笔记本电脑（Surface Laptop）。惠普游戏笔记本电脑（Omen X17）多边形切面的外壳和坚固的铰链都暗喻了该产品配备了高性能部件。当玩家通过面部识别开始使用笔记本电脑时，亮着灯光的按键将玩家引入一个沉浸式的虚拟现实的游戏世界。微软商务笔记本电脑（Surface Laptop）集便携、性能和优雅于一体，它的质量只有1252克，电池续航时间长达14.5小时，键盘周边覆盖着柔软的Alcantara（欧缔兰）超细纤维布料，高品质材料为使用者提供了舒适的打字操作体验。

## 二、产品形态的心理感知

在人的心理感知系统中，具有符号特征的物体形态具备最典型的识别模式。认知心理学认为，人们对对象的心理感知是依赖于人们过去的认识与经验，在视觉刺激的直接作用下，大脑进行信息加工，从而产生的一种心理感受。例如，平面给人平稳的感受，是因为平面容易使人联想到平坦的地面与平稳的物体；曲面给人动态的感受，是因为其可以使人联想到弯曲的物体。世界是丰富多彩的，人的经验与知识也是多样化的，人的知觉受到各种因素的制约，所以对形态产生的感知也是多种多样的。此外，人们对形态的心理描述可以利用词汇来表达，如高雅与低俗、光明与暗淡、潮流与传统、时尚与落伍等，所以产品的形态最终要符合人们心理感受的预期。

## 三、产品形态的象征意义

产品形态是信息的载体，能使产品内在的组织、结构和内涵等本质因素上升为外在表象因素，并通过视觉使人产生一种生理和心理活动。设计师通过设计使产品具备独特的形态，形态作为一种造型语言向外界传达出设计师的思想与理念，更向人们传达产品的信息，人们在选购产品时也是通过产品形态所表达出的信息来进行判断和衡量，并最终做出是否购买的决策。

形态是一种符号，是产品外在形象和信息的综合体，也是产品功能和造型的外在反映。形态作为产品的表面特征应该是便于理解、易于记忆和认知的，又常常具有某种特定的象征性和喻义色彩。人们通过它可以联想到产品的功能或更多方面，如感觉到其技术层次、时代感、民族感或产品给拥有者带来的荣誉感和满足感等。这些功能之外的象征与联想，是在产品形态设计时需要重视的。

# 第五节　产品形态观的发展

形态观是设计师构建形态的意识，反映了设计师形态创造的思维与价值思考活动，受工业技术、文化、流行等因素影响，一般反映为某种特定的设计风格，与设计流派的形态认知息息相关，设计师的形态观决定了产品形态的最终呈现方式。随着社会的飞速发展，科技为各种产品形态的塑造提供了前所未有的支持。与此同时，现代社会呈现出多元化发展的趋势，这就要求设计师对产品形态观的发展过程和趋势有清晰的认识和把握，从而为产品形态塑造服务。

## 一、功能至上的形态观

在设计史上，19世纪美国芝加哥学派中坚人物路易斯·亨利·沙利文（Louis H. Sullivan，1856—1924）第一个提出了著名的“形式追随功能”（Form follows function）的思想。沙利文说，自然界中的一切东西都具有一种形状，也就是说有一种形式，一种外观造型，于是就告诉我们，这些是什么以及如何和别的东西区分开来，功能不变，形式就不变。他认为，装饰是精神上的奢侈品，而不是必需品。“形式追随功能”这一简明扼要的短语，几乎成为当时在美国所听到、看到的关于设计哲学的唯一陈述，也成为日后德国包豪斯信赖的教义。

这些观点后来由他的学生莱特进一步发展，成为20世纪前叶工业设计的主流——功能主义的主要依据。功能主义强调功能对于形式的决定作用，认为产品形态应该真实反映产品的使用功能和强调标准化的生产，反对一切装饰，产品造型上多表现为对纯粹几何形态的追求。这种简洁的形式因其对工业化大批量生产的良好适应性逐渐发展成为具有机器美学特点的国际化设计语言，产品给人的感觉过于严谨和理性，缺乏亲切感，忽视了对人性自身的理解与尊重，无法满足用户更高层次的情感需求。

如图2-14所示的椅子突出使用功能和极简主义，纤细的椅腿使椅子整体显得轻盈，椅背和座面的弧面造型确保了良好的人机工程学性能。

如图2-15所示的桌子由坚固的HPM高性能材料制成桌面，具有防刮擦特性，桌腿设计受到固定自行车鞍座的杠杆启发，可折叠以便运输和存储。桌子灵活、实用和经济性的结合给人留下深刻印象。

## 二、注重人机的形态观

产品功能的实现必须有用户的参与才能完成，再完美的功能设定，如果不能被用户理解并掌握，就不能认为是好的产品设计。在用户和产品进行交互的过程中，只有那些在研究和遵循人类行为习惯和规律基础上进行的设计，才能表现出良好的操控性、易用性、舒适性。而研究人与产品的交互关系时就要运用人机工程学的相关知识，比如通过对人体各部位尺寸和动作范围进行研

图2-14　椅子

图2-15　桌子

图2-16　可调节笔记本电脑桌

图2-17　罗技人体工学键盘（Ergo K860）

究，使人的生理尺度与日常使用的物品尺寸相协调，从而让产品更有效的被使用。

20世纪早期，美国爱荷华大学设计系主任胡宏述教授曾提出“形式追随行为（Form Follows Action）”的形态观念，就是在强调产品功能设计的同时更加强调以用户为中心的人机交互设计，强调产品形态设计中要融入对用户的行为动作、操作方式和行为习惯的研究。

如图2-16所示的是一个可调节笔记本电脑桌，根据折纸原理设计，在不同的应用场景里，如坐着使用和站立使用可以进行不同角度的高度调节，支架可折叠，方便收纳和运输。

如图2-17所示的罗技人体工学键盘（Ergo K860）弯曲的形态，确保手、手腕和前臂在使用时始终保持一种自然而轻松的状态，掌垫由泡沫和柔软的织物组成，为手腕提供了有力支撑。

## 三、突出情感满足的形态观

产品设计就是为了能使用户与产品之间建立起亲密友好的关系，设计者通过对产品的功能、外形等方面的创新设计，把使用者的情感更好地体现和表达出来，设计就是要通过视觉、听觉等技术手段来追随用户的情感。一个好的产品能与任何人建立友好关系，用户对产品的喜爱与否是衡量产品是否受欢迎的唯一标准。

如图2-18所示的系列手机架设计草图由学生绘制，营造出了人与产品之间生动互动的场景。

如图2-19所示的儿童闹钟（Dinosaur）色彩明快，外形让人联想到恐龙。除了唤醒声之外，小灯也会亮起来，使互动性更强，引起孩子的兴趣。

如图2-20所示的阅读机器人（Luka Baby）集成了先进的人工智能图像处理技术，能快速准确识别绘本的内容并大声读出来，其结构设计紧凑，便于携带。

## 四、注重生态环境的形态观

在对风格形式进行了种种尝试之后，不少设计师将目光转向从深层次探索工业设计与人类可持续发展关系的研究上，力图通过设计建立起一种人、社会、环境之

图2-18　宋一宁作品

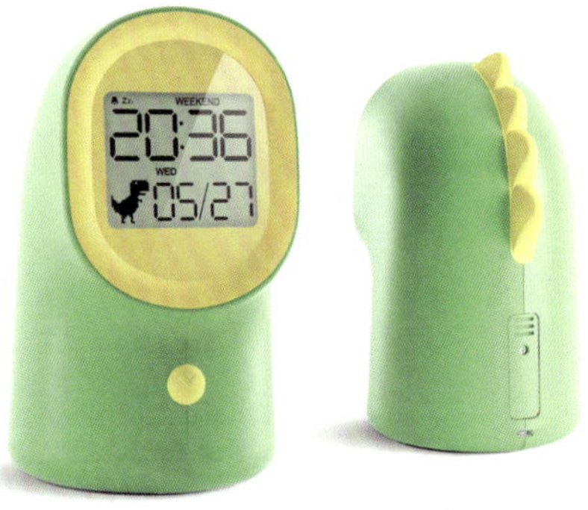


图2-19　儿童闹钟（Dinosaur）

图2-20　阅读机器人（Luka Baby）

图2-21　多用途椅子

间协调发展的关系，这是设计的重大转折，绿色设计的概念开始深入人心，体现了设计的道德感和责任感，要求设计师放弃过分强调产品外观标新立异的做法，以一种可持续发展的眼光去创造产品的形态，用更简洁、经久耐用的造型去设计产品。绿色设计着眼于人与自然的生态平衡关系，在设计过程的每一个决策中都充分考虑到环境效益，尽量减少对环境的破坏。其设计核心是“3R”原则，即Reduce、Recycle、Reuse，不仅要减少物质和能源消耗、减少有害物质排放，而且要使产品及零部件能够方便分类回收并再生循环或重新利用。在设计开始阶段就树立生态环境观念，从设计的细节出发，尽可能实现降耗、减排、循环、回收再利用等可持续发展的目标。

如图2-21所示的是一款具有时尚色彩和特异曲度的多用途椅子，不对称的形态使得座椅一侧能提供额外的倚靠位置，也可以摆放个人物品，椅子的材料可二次回收利用，且能承受相当大的压力。

# 第六节　基础几何体的形态设计

形态不仅指物体的外形和样貌，还包括物体的结构形式。宇宙万物虽然千变万化，但都可以从其外形中抽取出纯粹、基本、原始的形态。一切形体都可以归结为方体、球体、柱体、锥体等基础几何形体以及这些形体之间的组合。如图2-22所示的产品是生活中常见的物品，都可以归结为几何形体。因此，通过对产品形态设计进行认知与学习，可以将复杂的形体简洁化、秩序化、规律化与单纯化。

## 一、单个几何体形态设计

单个几何体形态设计是指在基本形态的原型基础上，经过对原型的切割、修剪而获得新形态的造型方法。纯粹的单个几何体往往给人静止、单调、乏味的心理感受。如果将单个几何体的角、面、棱线等进行切割、导角、凹陷等处理，就可以产生不同大小、体量、空间美感的形态。

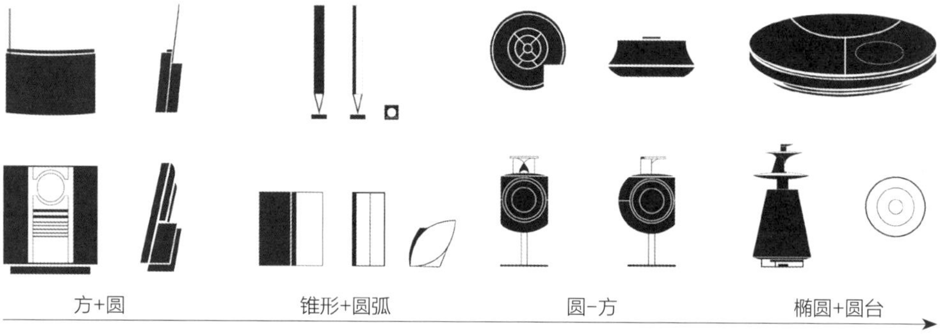


图2-22　产品的几何形体基础

1. 方体的演变

方体作为一种最基础的形体，传递出稳定、规矩、平和、安全之感，广泛应用在电子产品、家电、大型设备中。对方体形态的演变设计是一项基本功。

如图2-23所示，将方体棱线局部切割，打破方体中规中矩的特征，于稳定中显现变化。

如图2-24所示，将顶面局部收窄，形成造型小斜度是常用的手法。

如图2-25所示，方体的导角处理是常用方法，改变了方体尖锐的视觉特征。

如图2-26所示，方体上大下小的变化，打破了方形过于平稳的姿势，方体的局部圆角，使造型呈现方中带圆的特征。

2. 柱体的演变

柱体可分为圆柱和棱柱。圆柱是将圆垂直放样而成的形体，圆柱比方体更加柔和，常应用在家具等家居产品的造型设计中。棱柱由多边形垂直放样而成，形态更为硬

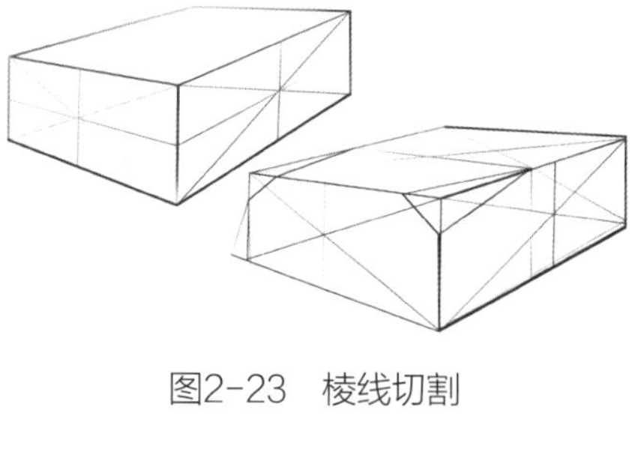

图2-23　棱线切割

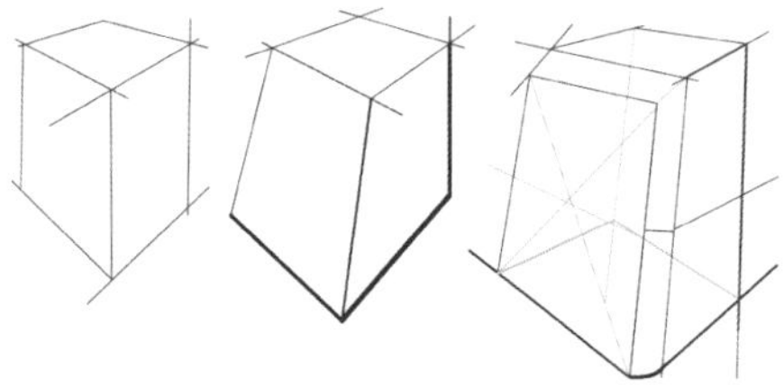

图2-24　顶面收窄

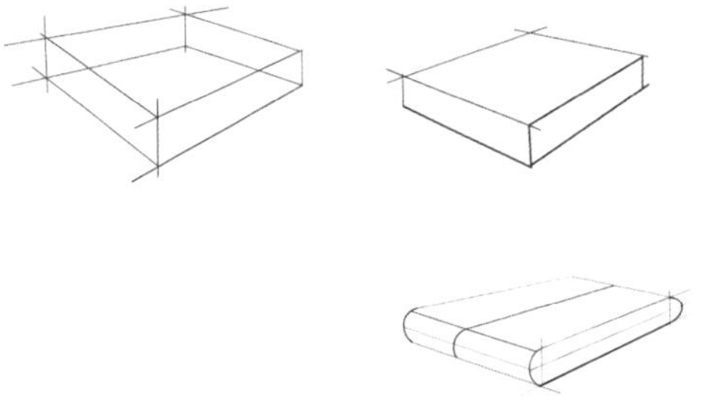

图2-25　导角处理

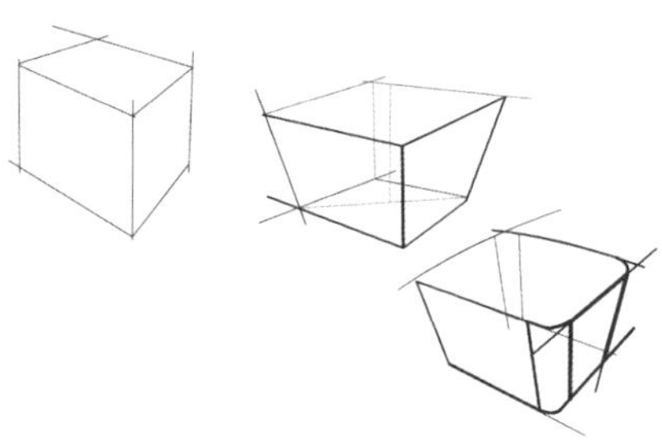

图2-26　上大下小及圆角处理

朗冷峻，常用于硬边主义的造型风格。

实际设计中，很少将标准的圆柱或棱柱直接使用在产品造型中，而是经过形体的演化形成丰富的产品造型。

如图2-27所示，圆柱的顶面变为斜面，使造型更为灵动变化。

如图2-28所示，将圆柱顶部凹陷能获得更为丰富的造型。

如图2-29所示，将圆柱锥化处理变为台状，是基本的变化手法。

如图2-30所示，将圆柱体中部变窄收腰，可以演变出不同造型，将产品顶部斜切，表面进行凹槽处理都是常见的手法。

如图2-31所示，调整正六棱柱的边长，将正六棱柱变成一个边长不等的棱柱，再进行导角处理，是一种非常重要的造型手法。

### 3. 锥体的演变

锥体可分为圆锥及棱锥，圆锥比圆柱更具动感、个性和进攻性；棱锥比棱柱更具变化性、个性和危险性。将锥体正放时，形态具有稳定感，倒置时则极度不稳定，设计时可巧妙利用这一点。

如图2-32所示，将锥体切割，保留锥体的下半部分可以增加产品的稳重感，削弱产品的动感。

如图2-33所示，将槽位开至顶面和侧面，可以增加细节的连续性。

如图2-34所示，几何体的相互叠加是一种有效的造型方法。

如图2-35所示，圆锥底部进行了斜角处理，形成了虚空间。

如图2-36所示，将锥体的顶部进行软化处理，是一种降低锥体危险性和进攻性的手法，对两侧进行切削，其切削后的轮廓线极为重要。

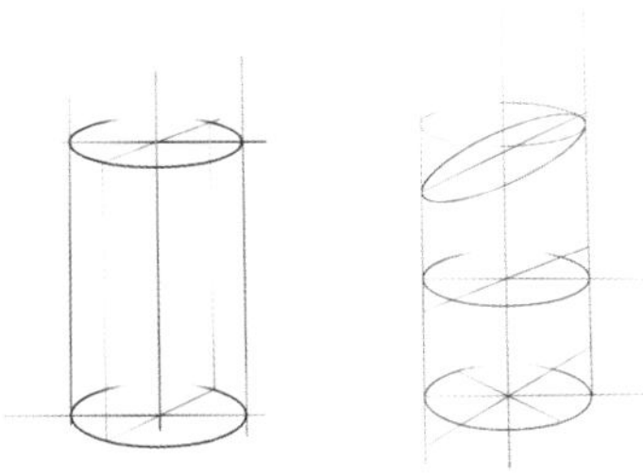

图2-27　斜面处理

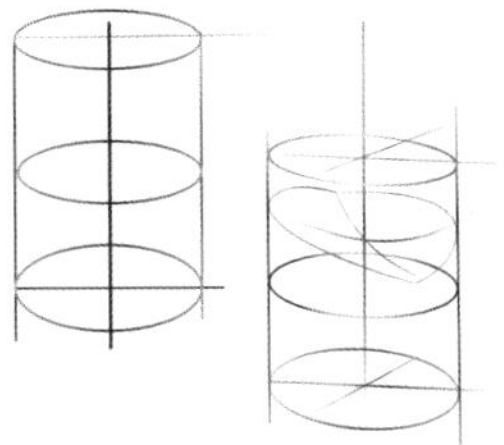

图2-28　顶部凹陷

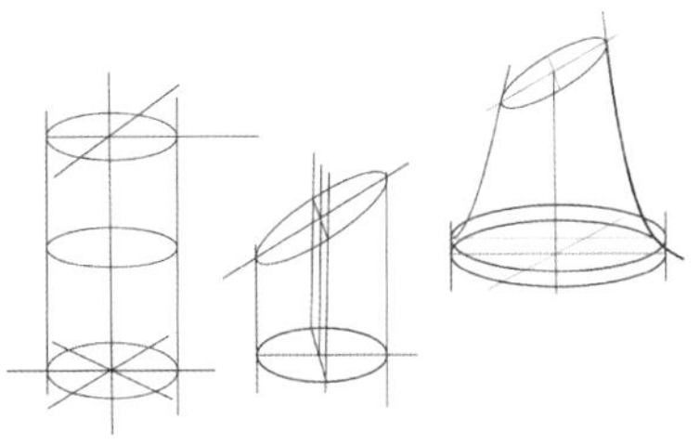

图2-29　锥化处理

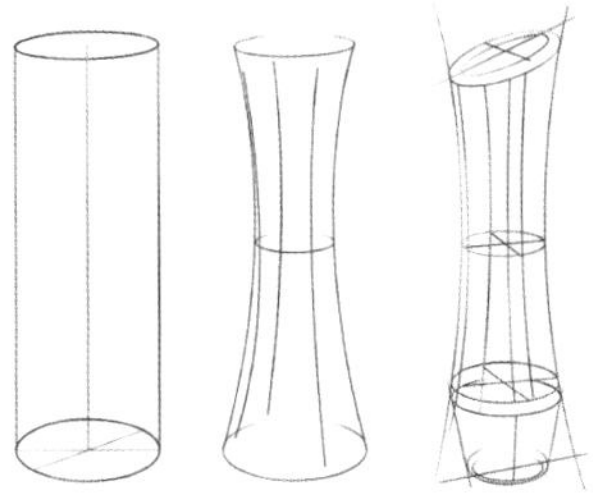

图2-30　收腰斜切

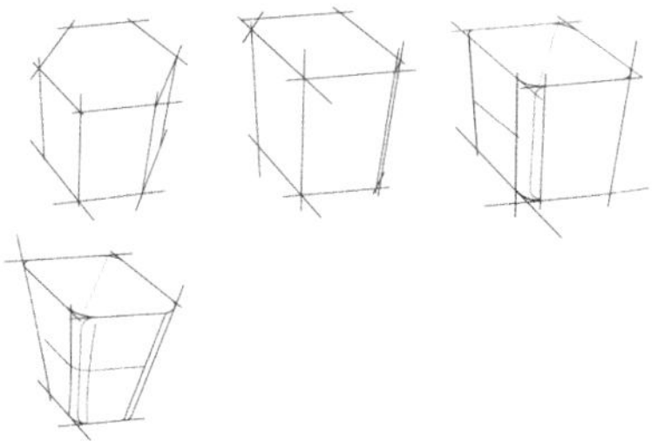

图2-31　调整边长及导角处理

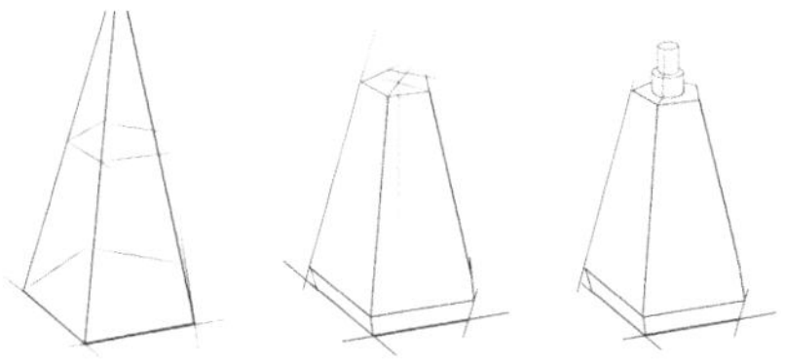

图2-32　锥体切割

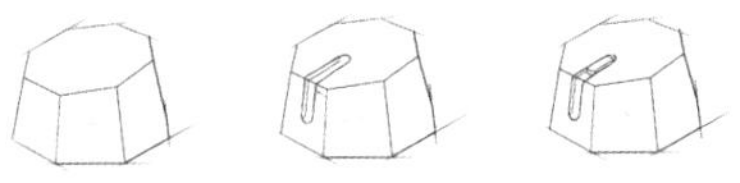

图2-33　顶面和侧面开槽

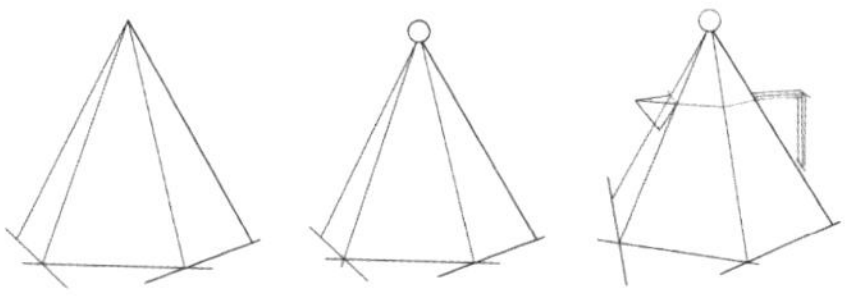

图2-34　几何体叠加

图2-35　圆锥底部斜角处理

图2-36　锥体顶部软化处理

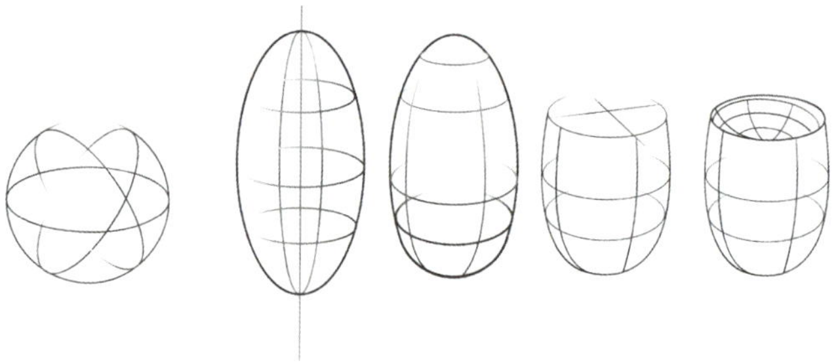

图2-37　圆球体变橄榄球体

4. 球体的演变

球体是一种极具亲和力的基础形体，光滑柔和、活泼可爱，被广泛使用在儿童用品和家居用品设计中。

如图2-37所示，将圆球体变成橄榄球体，可以将球体的应用范围大大扩展。

## 二、组合几何体形态设计

组合几何体形态设计是指将两个或两个以上的几何形体，通过组合、重构、连接等方式组合成一个有序、关联的新整体形态。应根据形态设计的目的与要求，先确定一个基本几何体形态，然后以此基本几何体的大小、高低、方向和线型为基础，按照美学规律进行重构、组合。

组合形态的整体感是十分重要的，它直接影响形态的视觉艺术效果，切忌杂乱无章，盲目组合。形态的组合不是单纯做“加法”和“减法”，需要深入研究形态组合的技法及组合新形态后的功能属性。

1. 分离

分离是将一个几何形态拆分成两个以上独立的几何体，进行形与形之间互相不接触的组合方式，然后通过片体、柱体等其他形态将不接触的两个形态进行组合排列完成最终的综合形态。

如图2-38和图2-39所示的座椅设计在形态组合方式上可以明显看出是运用了分离的方式。座面和靠背作为两个完全分离的独立形态，分别运用柱体进行面与面的连接组合，最终形成整体的座椅造型。这种组合方式有其独特的优势，如果两个独立的块体进行接触性组合，那么在视觉上会产生拥挤、堵塞和沉重的感受。运用分离的组合方式，则可以打破这种过分的整体感，使得造型有一种通透性。

如图2-38所示的座椅由山毛榉木制成，底部的支撑结构让使用者可以左右摇摆以便找到身体重心。高度可调的座面能确保与腿部支撑之间的最佳重量分配，塑造个性化的贴合感。

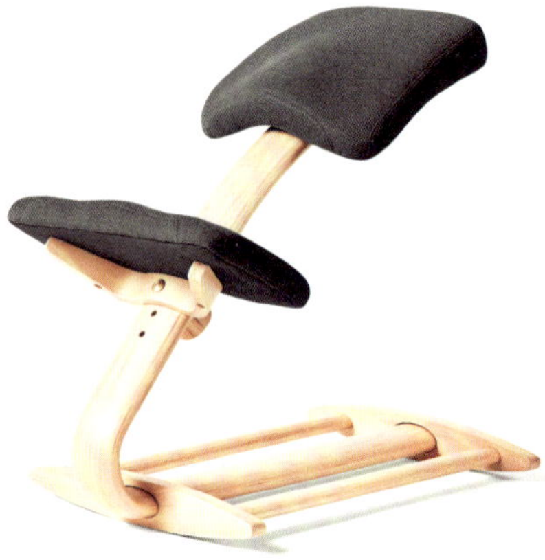

图2-38　座椅

图2-39　儿童餐椅

如图2-39所示的餐椅可供六个月至三岁的儿童使用，可调节的座椅高度和四种不同的座面深度能适应不同的身高，甚至成年人也可以将其作为高脚椅使用。

2. 接触

接触一般采用的是两个或两个以上的几何形体，通过组合达到形与形之间的外缘接触，实现几何形体组合在一起的新形态。这是一种几何体通过加法进行组合的方式，一般是将几何体作为基本单元或模块来进行综合设计。

如图2-40所示的是横、竖屏平板电脑支架（Slide），在平板电脑横屏或竖屏状态下都能稳定支撑，整体造型运用了接触形态组合的方式。

3. 复叠

复叠能够展示出两个形体之间相互摞叠或交叉的组合形式，由此产生上下、前后、左右不同的空间关系，通过连接这两个形体之间的重合部分以塑造产品形态的整体感。这种组合方式在视觉上有体量大、厚重、沉稳的感觉。一个形体与另一个形体之间的贯穿连接，可按不同的方式和方位进行，各个面之间的交线都是空间曲线或折线，视形体的复杂程度和方位的不同而不同。过多的相贯交线对形体构成的线性关系将产生一定影响，甚至会破坏形体的美观，要适当运用这种组合方式。

如图2-41所示的是牙科光固化机，导光棒与底座之间通过两个有机形态相互穿插实现整体造型的贴合。

如图2-42所示的是自助收取包裹设备，通过基本方体和柱体之间的相互穿插来实现造型，这两个形体的组合在连接上采用了复叠的方式。

4. 透叠

透叠在组合方式上与复叠是一样的，不同之处在于形与形之间是实现透明性的相互交叠，并不产生上下、

图2-40　平板电脑支架（Slide）

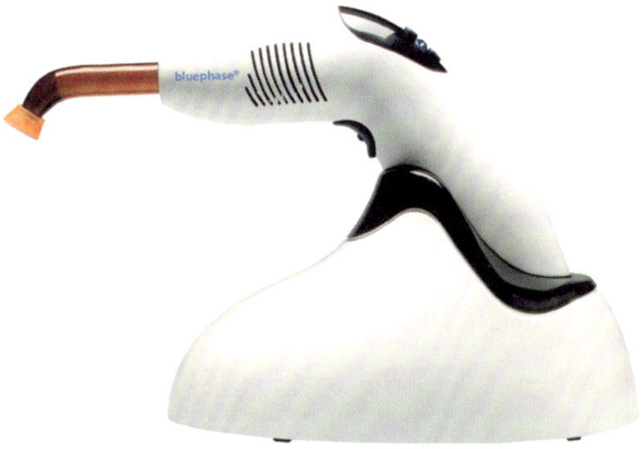


图2-41　牙科光固化机

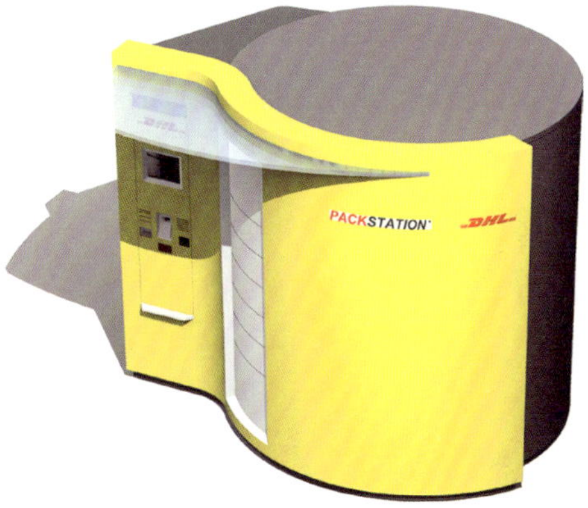


（a）

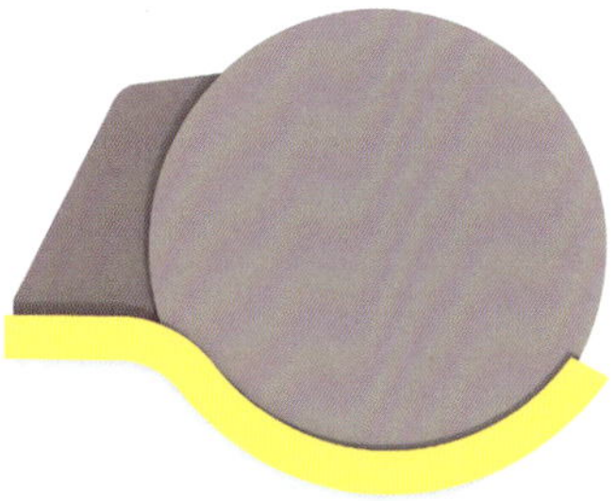

（b）

图2-42　自助收取包裹设备

图2-43 无线耳机套装（BOLT BT 700）

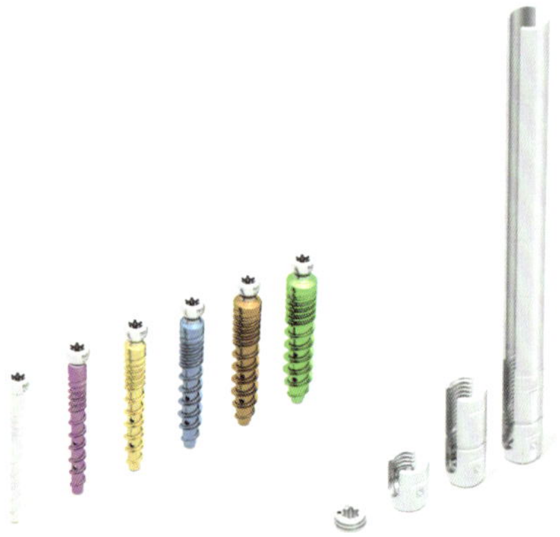

图2-44 医用螺钉系统

前后、左右的空间关系，组合过程中对重叠部分进行切割镂空处理，保留的部分进行造型设计。

如图2-43所示为无线耳机套装（BOLT BT 700），耳机具有防汗、防水功能，耳机盒可为耳机充电，可播放20小时。

如图2-44所示为医用螺钉系统，包括螺钉和螺母两种植入物，根据手术情况，螺钉可与螺母进行不同形式组合，从而实现不同的脊柱稳定操作。

### 5. 结合

结合是指形与形之间结合成为较大的新形态。一个形体的一部分嵌入另一个形体的某部分之中，具有组合形体数量少、立体构成凹凸多变、形象生动等视觉效果。结合是产品形态的一种积聚方式，通过这种方式可以完成新的形态创造。结合是由简单的形体相互组合，使其构成整齐、单纯的空间效果，通过这种方式使造型整齐而富有变化，产生的形态往往给用户带来厚重、稳妥的设计之感。

如图2-45所示的床头灯由实心橡木底座和可拆卸陶瓷灯罩两部分组成。灯罩是将三个圆锥体相互穿插之后，对于重叠的部分进行整合，保留不重叠的部分，在整体造型上形成独特的外观。灯罩有三种不同的放置方式固定在底座上，可以提供不同的光照角度。

如图2-46所示的是防震双筒望远镜，根据人体工程学设计，表面对角线位置的纹理示意了手指的握持位置，与眼部接触部分增大了接触面，保证使用者在观察期间获得最大限度的舒适感。

如图2-47所示的是一种儿童益智玩具，各种形状和尺寸的塑料单元体能以简单的方式拧在一起，儿童可以自由组合单元体，用于创造富有想象力的物体造型。这些单元体都是不同数目的圆柱体相互穿插后，整合重叠的部分，保留不重叠的部分。

### 6. 减缺

减缺是指形与形之间相互覆盖，覆盖的地方被剪掉，只留下第一形体的未覆盖部分。其实质是在一个形体上通过穿插组合留出需要的形体部分，通过镂空或半镂空处理后，来满足形态设计的需求。

图2-45 床头灯

图2-46 防震双筒望远镜

图2-47 儿童益智玩具

图2-48 触摸式钢琴（Mpiano）

图2-49 浴室加热器

如图2-48所示是阿尔法钢琴公司（Alpha piano）推出的一款触摸式钢琴（Mpiano），琴键会产生弹力，给弹奏者带来真实的传统钢琴弹奏般的体验，最新的触感监测技术使得钢琴具有高解析的感应和快速的响应，能精确诠释演奏过程中细微的弹奏力度变化，使得超真实音源更为淋漓尽致地发挥出来。通过方体的穿插减缺对体积庞大的钢琴造型进行了设计，在视觉上产生轻巧、生动与活跃之感。

如图2-49所示为浴室加热器，通过方体的穿插减缺形成中间宽大的开口，不仅是造型上最引人注目之处，而且有很强的功能性。通过这个开口能形成空气对流，进行快速加热。框架式结构还起到把手的作用，平坦的顶部可以作为毛巾架或烘干架使用。

# 第七节 实战训练——几何体的演变设计

## 一、设计要求

设计练习1：基础几何体的演变

1. 方体的演变

（1）请以80mm×80mm×200mm的长方体为基础，经过至少3步的变化，设计一个产品。

（2）请以50mm×200mm×60mm的长方体为基础，经过至少3步的变化，设计一个产品。

2. 柱体的演变

请以底圆直径80mm，高200mm的圆柱体为基础，经过至少3步的变化，设计一个产品。

3. 锥体的演变

（1）请以底圆直径80mm，高200mm的圆锥体为基础，经过至少3步的变化，设计一个产品。

（2）请以底边长80mm，高200mm的正四棱锥为基础，经过至少3步的变化，设计一个产品。

4. **球体的演变**

请以直径80mm的球体为基础，经过至少3步的变化，设计一个产品。

设计练习2：基础几何体的发散

请任意选择方体、柱体、锥体、球体中的一种基础几何形体，进行造型发散练习。

设计练习3：几何体的综合演变

请综合运用两个以上的基础几何形体，运用包括叠加、剪切、分割、包裹、边缘处理等手法，进行形体综合演变设计。

## 二、预期目标

（1）训练学生在掌握先修课程——“设计构成”的相关基础知识和技巧后，能够运用到产品造型设计中，帮助学生架构起一座从构成到设计的桥梁。

（2）训练学生能运用基础几何形体进行产品造型设计的能力。

（3）训练学生掌握多个形体间的组合造型设计方法。

（4）通过上述训练，使学生理解任何产品的造型都可以回归到基础的几何形体。

## 三、优秀作品

如图2-50～图2-57所示为基础几何体的演变草图。其中图2-50和图2-51以长方体为基础几何体，其运用形体切割、内凹、底面局部收窄形成造型小斜度、侧面凸起、导圆角等手法进行产品造型设计。而图2-52和图2-53则是以圆柱体为基础几何体，运用顶面变为斜面、将圆柱锥化处理变为台状、表面进行凹槽处理等手法进行产品造型设计。如图2-54和图2-55所示，其以锥体为基础几何体，运用顶部软化、顶部切割、底部斜角处理等手法进行产品造型设计。如图2-56和图2-57所示，其以球体为基础几何体，运用切割、内凹等手法进行产品造型设计。

如图2-58～图2-63所示为基础几何体的发散草图，分别以长方体和圆柱体为基础几何体，将单个几何体的角、面、棱线等进行切割、导角、凹陷等处理，以获得新的产品造型。

如图2-64～图2-67所示为几何体的综合演变草图，针对两个以上的基础几何形体，运用包括叠加、剪切、分割、包裹、边缘处理等手法进行产品造型设计。

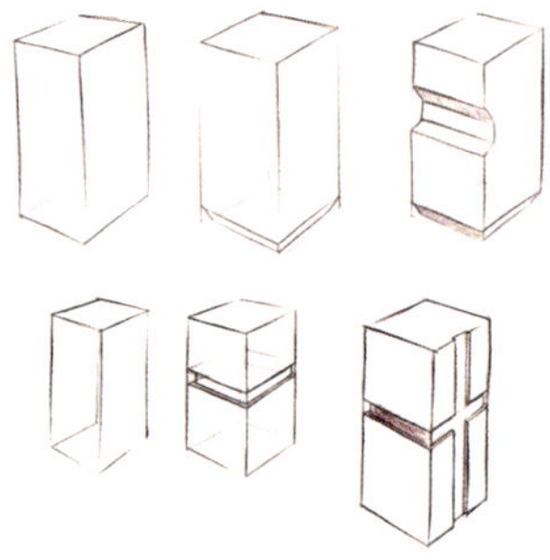

图2-50　郭熙敏作品

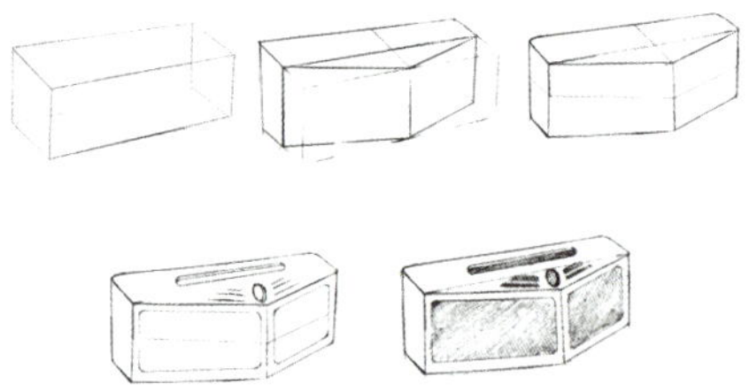

图2-51　朱彦雯作品

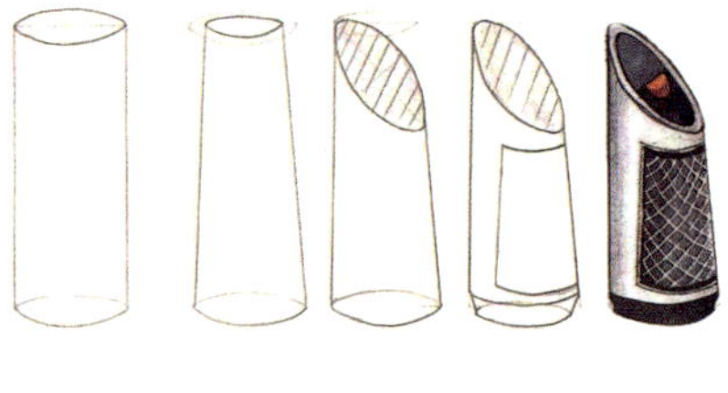

图2-52　包婉如作品

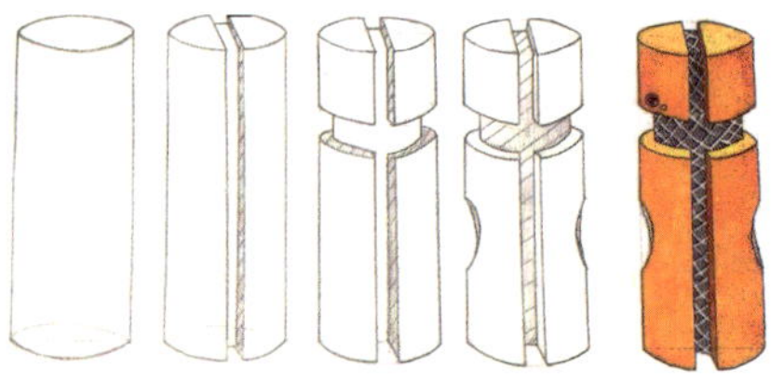

图2-53　包婉如作品

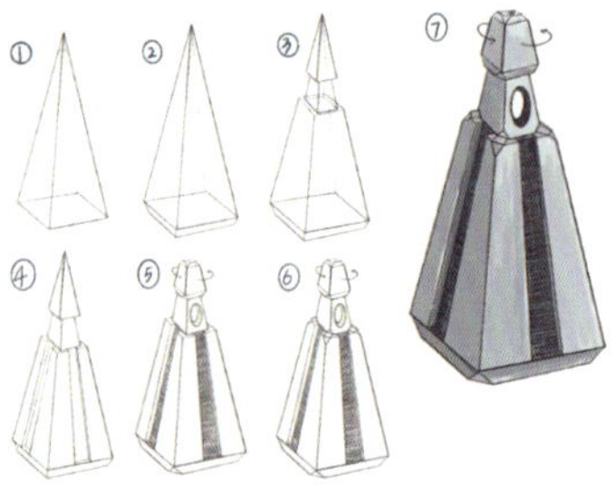

图2-54　沈嘉雯作品

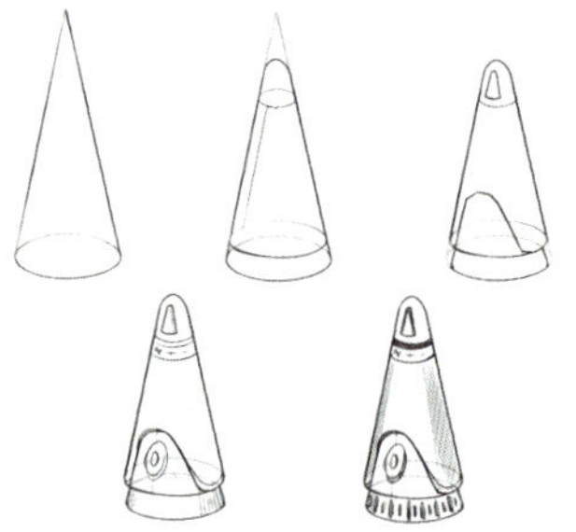

图2-55　朱彦雯作品

图2-56　周逸薇作品

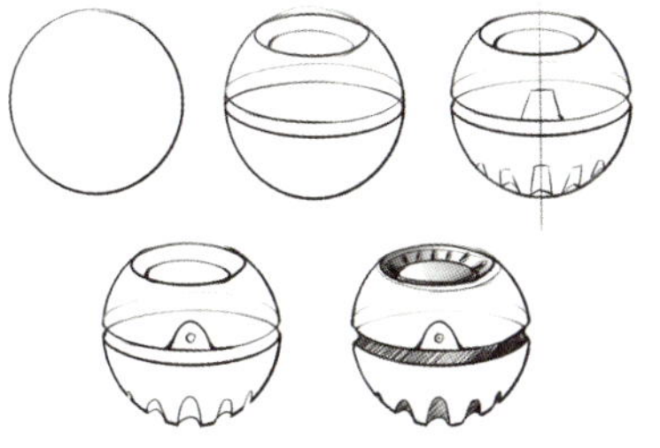

图2-57　朱彦雯作品

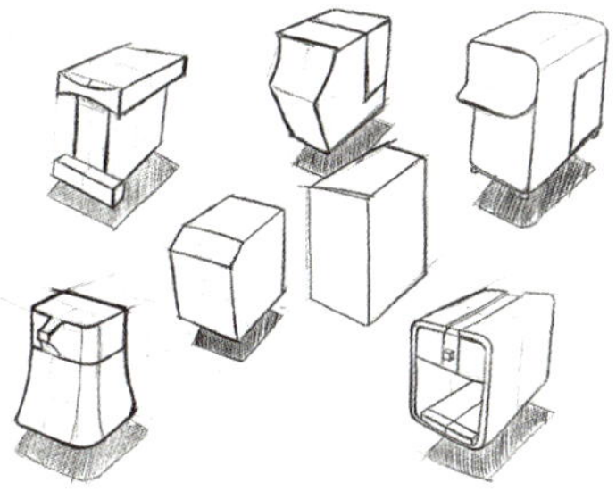

图2-58　高孜琳作品

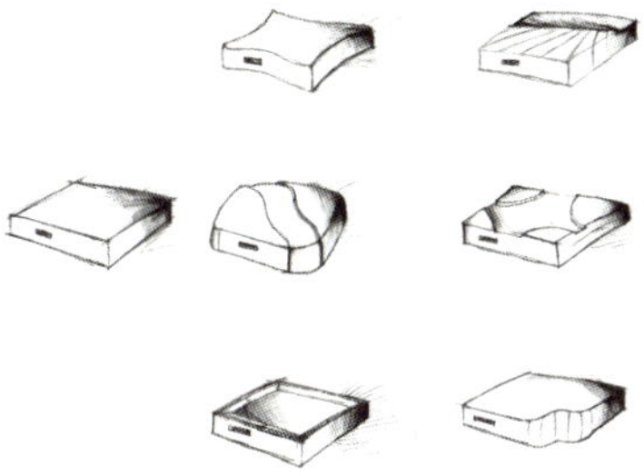

图2-59　任鹏霏作品

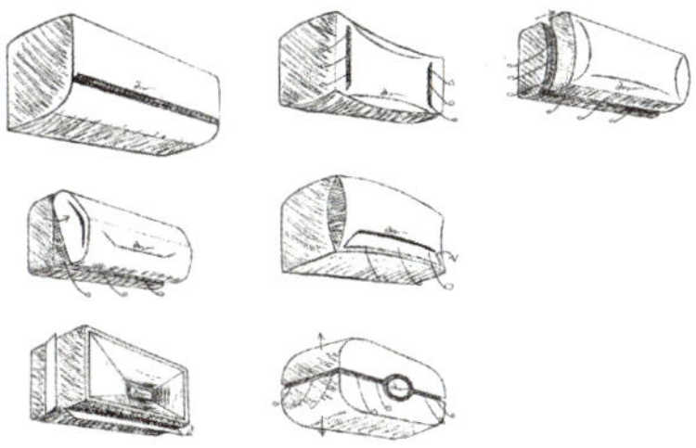

图2-60　陆俊杰作品

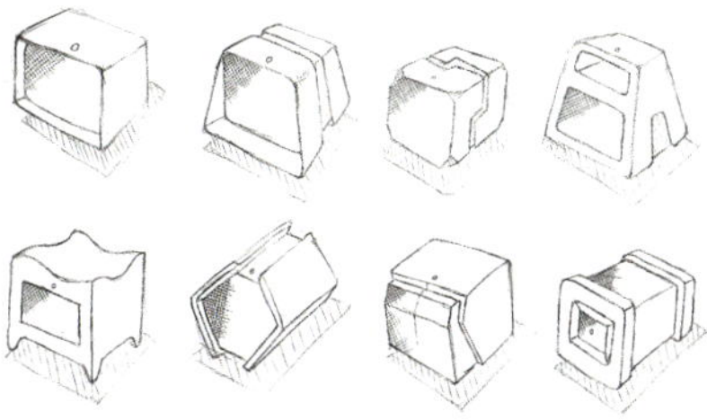

图2-61　吴蕊芳作品

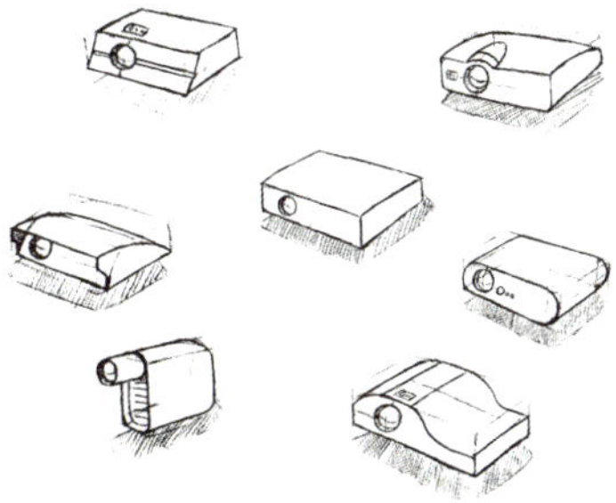

图2-62　张姝作品

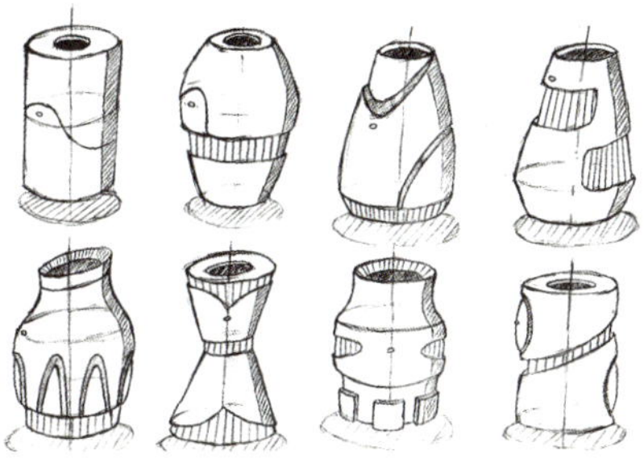

图2-63　吴蕊芳作品

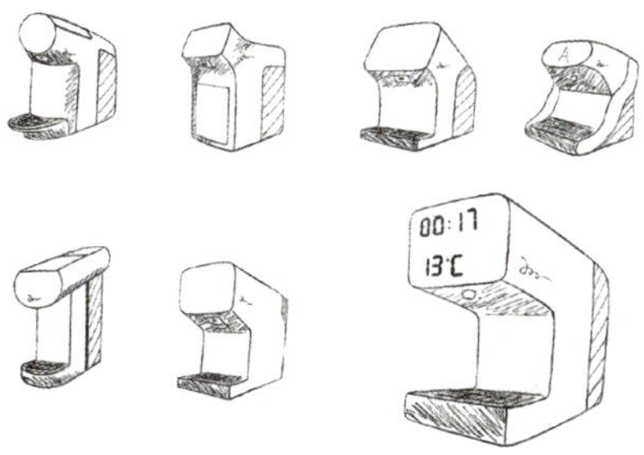


图2-64　陆俊杰作品

图2-65　高孜琳作品

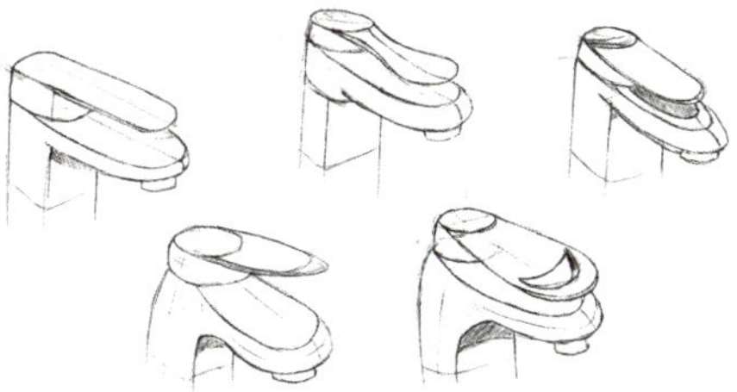

图2-66　王瑶作品

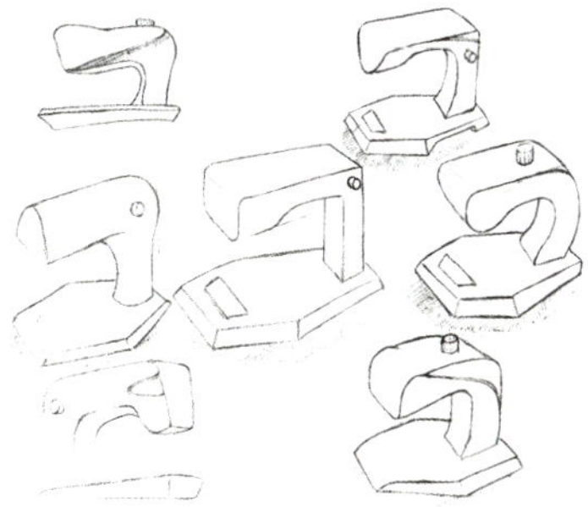

图2-67　张姝作品

## 四、设计回想

产品的形态千差万别且变化多端，初学者在处理形态设计时往往无从下手。任何形态的演变和发展都有逻辑性和规律性可循，以基础形体为中心可以演化出无数可能的形态。掌握基础形体的发展变化规律，是进行产品形态设计的基础。对于初学者而言，应该多进行基础形体的推演练习，只有通过大量的训练，掌握足够多的演变技巧与方法，才能在实践中迅速设计出合理且具有美感的方案。

# 第八节 实战训练——眼镜盒造型设计

## 一、设计要求

### （一）草图设计要求

（1）按照尺寸约束绘制，以长155mm、宽55mm、高45mm的长方体为原始形体，在此基础上进行形体的叠加、剪切、分割、包裹、边缘处理等操作，进行眼镜盒造型设计。

（2）绘制精细设计草图，将眼镜盒的细节表达清楚。

（3）设想眼镜盒除了装眼镜以外的其他附加功能，绘制创新设计方案。

### （二）效果图设计要求

（1）从绘制的草图中挑选出较好的设计方案，绘制三维模型并渲染，要求考虑材质和配色，每个方案包括打开和闭合两种状态的表达。

（2）可结合方案的造型特点，配合具体的使用场景辅助说明设计意图。

## 二、预期目标

（1）训练学生在掌握先修课程——“设计构成”的相关基础知识和技巧后，能够运用到产品造型设计中，帮助学生架构起一座从构成到设计的桥梁。

（2）训练学生能运用基础几何形体进行产品造型设计的能力。

（3）训练学生掌握多个形体间的组合造型设计技法。

## 三、优秀作品

如图2-68至图2-73所示为眼镜盒造型设计草图，以长方体为原始变化形体，分别运用弧线剪切、圆弧导角、边缘处理等手法确定了眼镜盒的整体造型，并进一步对细节造型进行精细刻画设计。

如图2-74至图2-77所示为眼镜盒造型设计的计算机绘制效果图，对眼镜盒的整体和细节造型、不同部件之间的材质和配色设计做了细致与深入的推敲，打开状态的绘制更清晰地表达了眼镜盒的固定方式。

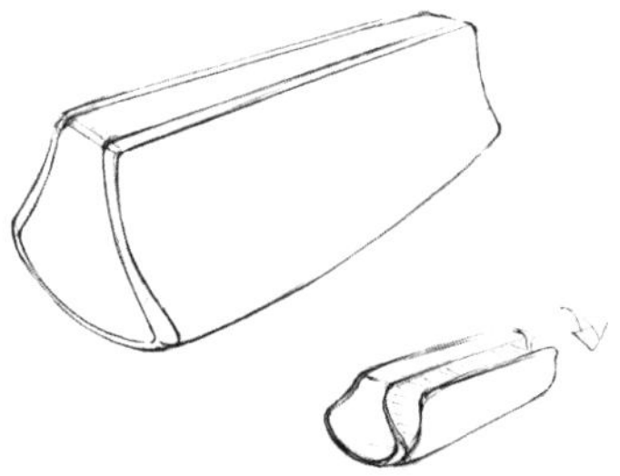

图2-68 陈依恬作品

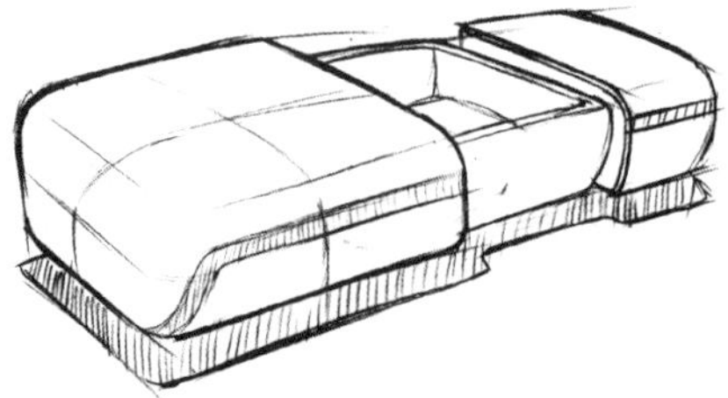

图2-69 蒙福强作品

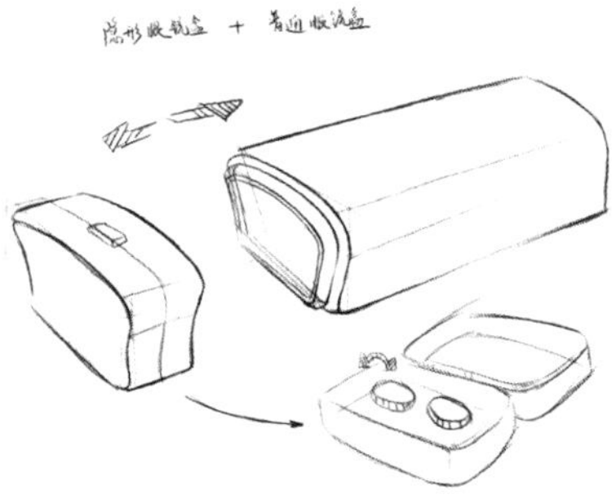


图2-70 任志瀚作品

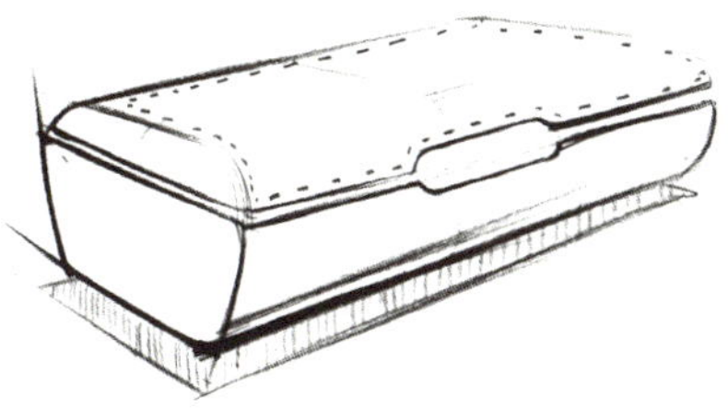

图2-71　蒙福强作品

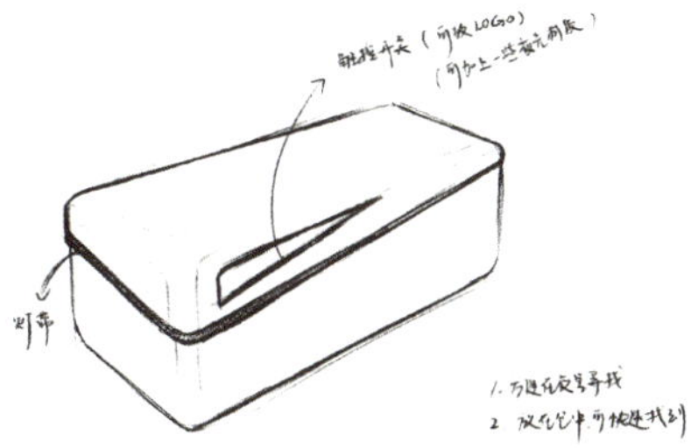

图2-72　宋一宁作品

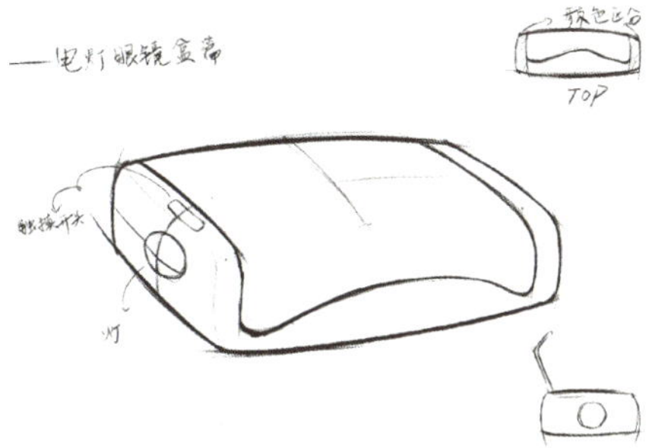


图2-73　宋一宁作品

图2-74　李笑天作品

图2-75　周晔作品

图2-76　朱润作品

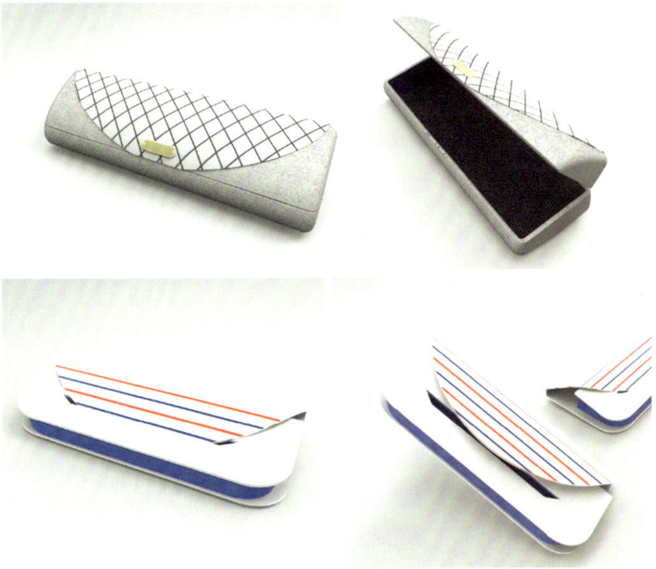

图2-77　庄潘雯作品

## 四、设计回想

眼镜盒的造型千差万别，但都可以从最原始的长方体开始，做形体的叠加、剪切、分割、包裹、边缘处理等造型技巧处理。在掌握了基本形态变化后，学生可以适当加入一些拓展功能，并有机融入眼镜盒整体造型设计中。

### 思考题

1. 什么是形态？按照感知方式可以将形态分为哪几个类型？
2. 在设计史上主要经历了哪几种形态观的演变？请结合具体产品案例说明。

# 第三章

# 产品形态的构成要素

## 学习目的与要求

本章讲述了产品形态的基本构成要素，基于先修课程——“设计构成”学习中对于点、线、面、体要素研究的基础上，将学习视野拓展到这些要素在产品形态设计中的运用。要求学生理解点、线、面、体要素的特征，掌握这些要素在产品形态设计中的具体应用方法，理解产品形态设计中的点、线、面、体要素与设计构成中这四个要素的联系与区别。通过本章内容的学习能对具有突出点、线、面、体要素造型特征的产品进行形态设计。

## 学习重点

1. 理解产品形态的基本构成要素及其特征。
2. 掌握点、线、面、体要素在产品形态设计中的具体应用。
3. 理解产品形态设计中点、线、面、体要素与设计构成中这四个要素的联系与区别。
4. 分析典型产品形态设计中基本构成要素的应用技巧。

## 思政元素融入

通过本章内容的学习，培养学生对空间中点、线、面、体等要素抽象关系的理解力，培养其客观理性的思维特质，摆脱蒙昧主义和神秘主义，拓展知识边界，使其更清晰地认知世界，将认识从经验层面上升到客观真理层面。

PPT课件

# 第一节　产品形态中的基本构成要素

几何形体虽然多种多样，但都可以归纳为基本的点、线、面、体。因此，点、线、面、体是产品形态的基本构成要素，它们之间的关系是连续和循环的，不能简单按几何尺度进行划分。点是立体形态中最基本的单位；将点向一定方向延续下去，就会形成线；将线横向或纵向排列，就会形成面；把面阵列起来就会形成体；体与体的组合，又可以形成空间（图3-1）。

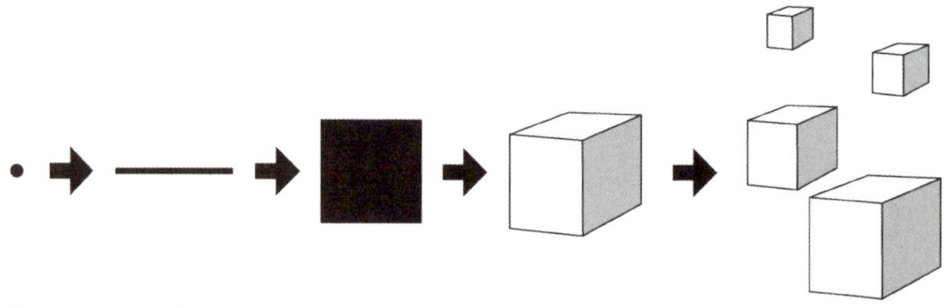


图3-1　产品形态的基本构成要素

# 第二节　点要素的特征与应用

## 一、点要素的特征

### 1. 点的特征

点是一切形态的基础。在几何学中，点是纯粹的抽象概念，只有位置，没有长度、宽度及深度，也不具备大小、形状与方向。而在产品造型中，点是具有空间位置的视觉单位，且具有一定的视觉形象，如形状、大小、色彩、肌理等。点可以以圆点、方点、三角形点或其他任意形态出现（图3-2）。点可以是任意形态的实体，草坪上的一个足球、盘子上的一个苹果、项链中的一个挂件等，都可以成为造型中的点（图3-3）。

### 2. 点的大小

产品造型中的点并无固定的形状与大小，但存在形状与大小的对比。点要素的大小由环境与参照物决定。例如，当近距离观看飞机时，它是庞然大物，而抬头仰望天空

图3-2　点的形态

中的飞机，其相对天空而言就成了一个点。飞机之所以形成点的视觉感，是因为天空足够大，大的空间环境赋予它点的特征。因此将事物与周围环境进行比较时，只要它在整体空间中被认为具有凝聚性，具有表达空间位置的特性，并能成为最小的视觉单位时，都可以称之为点。

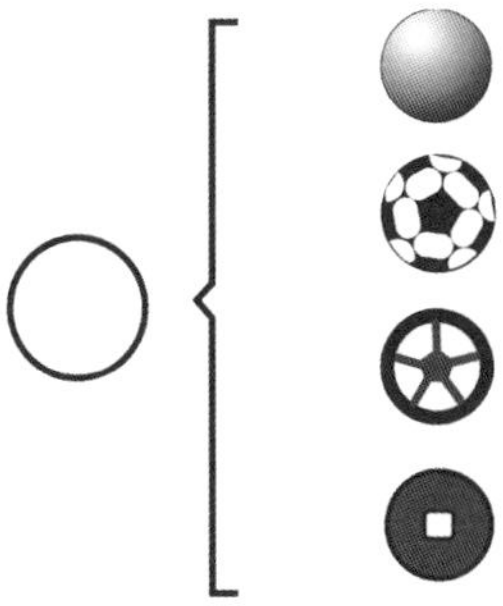

图3-3　实体形态的点

同样的点，在大环境的映衬下显得渺小，在小环境中则显得庞大（图3-4）。通常来讲，点的形态越小视觉感越强烈；点的形态越大则会趋向于面的感觉，点的视觉感就越弱。

图3-4　点的大小

## 二、点要素的应用

### 1. 点要素的转换

点是形态构成中最小的单位，更是产品造型设计的基础要素。点的排列可以产生线感，点的移动可以产生动感，点的堆积可以形成体积感（图3-5～图3-7）。所以，点要素的应用可以全面构造产品的立体造型。

### 2. 形成视觉中心

点要素能创造视觉焦点，产生心理张力。当空间环境仅有一个点时，人们的视线就会集中到点要素上。当有两个大小相同的点时，视线会在两点之间反复移动。此外，点可以成为中心或重心。所以在产品造型设计中，需要确定位置与区域时，可以充分利用点要素。

### 3. 产品造型中的点

点作为重要的造型要素，可以起到丰富产品形态的作用。在产品外表面进行点要素的排列，能形成秩序感，除了承载产品的功能外，也有装饰效果，能丰富视觉语言，如圆形的点、方形的点、渐变的点、凸起的点、内凹的点、隐约的虚点等。

如图3-8所示的木质蓝牙音箱（bela），其采用简单的圆角矩形，表面上圆形渐变的孔由激光精确切割，产生极具速度感的视觉效果。

如图3-9所示的颈挂式无线蓝牙音箱（Cleer Halo），其既能使佩戴者欣赏音乐又能使之感知环境，两个扬声器都带有磁性扣环，可连接到背包，产品表面的不规则方形孔极具韵律感。

如图3-10所示的无线游戏鼠标（Corsair Dark Core），左侧共有九个可编程键，弧形表面凸起的点给握持时掌心部位提供舒适的触感。

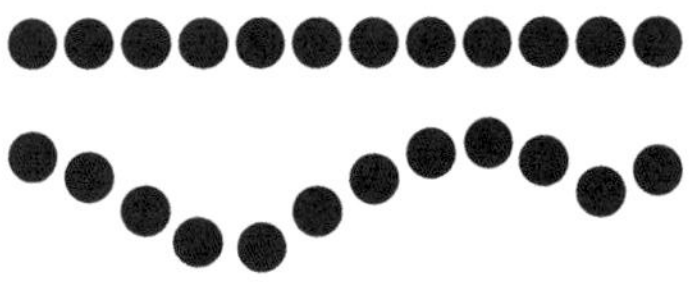

图3-5　点的排列1

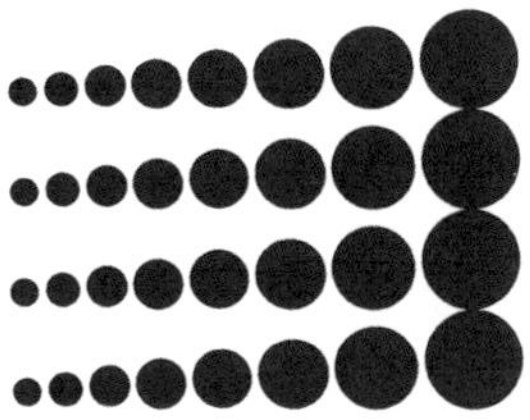

图3-6　点的排列2

图3-7　点的堆积

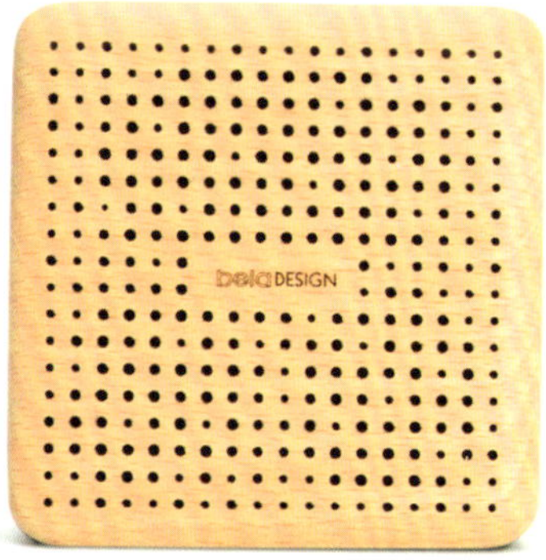


图3-8 木质蓝牙音箱（bela）

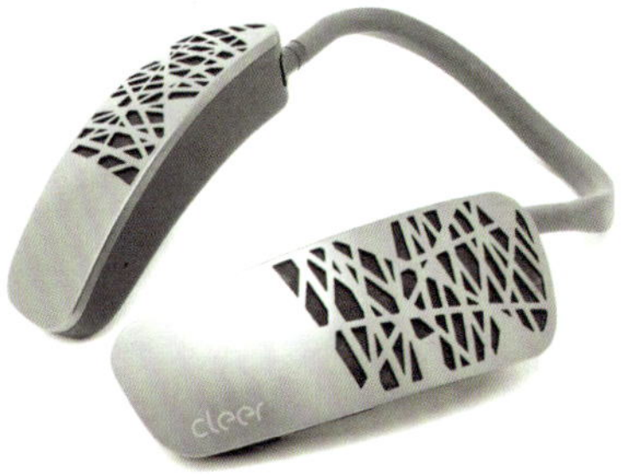


图3-9 颈挂式无线蓝牙音箱（Cleer Halo）

图3-10 无线游戏鼠标（Corsair Dark Core）

图3-11 数学逻辑训练棋（Hexagon Star Chess）

如图3-11所示的数学逻辑训练棋（Hexagon Star Chess），共37个棋子，棋子有磁性，能吸附在棋盘上。

# 第三节 线要素的特征与应用

## 一、线要素的特征

### 1. 线的特征

线在几何学上的定义是点移动的轨迹，只具有位置与长度，而不具有宽度与厚度。在产品造型设计中，线是具有长度、宽度及深度的三维空间实体，同时还具有软与硬、刚与柔、粗与细、急与缓等特征。

若一个实体与其他视觉要素相比较能显示出绝对的长度，则该实体就会呈现出线的视觉感。一个点是自然静止的，而一条线却能在视觉上表现出连续性和运动感。在设计实践中，线要素必须是具有一定粗细程度的形体才能被感知，而一组保持一定间距的点，同样可以呈现出一条线的视觉感。

### 2. 线的种类

线包含很多种类，大致有直线系与曲线系两大类。直线系包含垂直线、水平线、斜线、折线、对角线等（图3-12）；曲线系包含几何曲线、自由曲线等（图3-13）。

（1）直线系。

垂直线：特征为平稳、简洁、坚硬、果断、直接，具有秩序感。

水平线：作为基础线，平稳缓和，体现规律和秩序感，给人以安稳的视觉感受。

斜线：具有动感，能产生不稳定的视觉效果。

折线：具有起伏效果，有角度，能体现力度。

对角线：体现对称与张力，也体现出强烈的秩序感。

（2）曲线系。

几何曲线：有数学特性，能体现出一种强烈的秩序美感。

自由曲线：随意、灵活、动感。

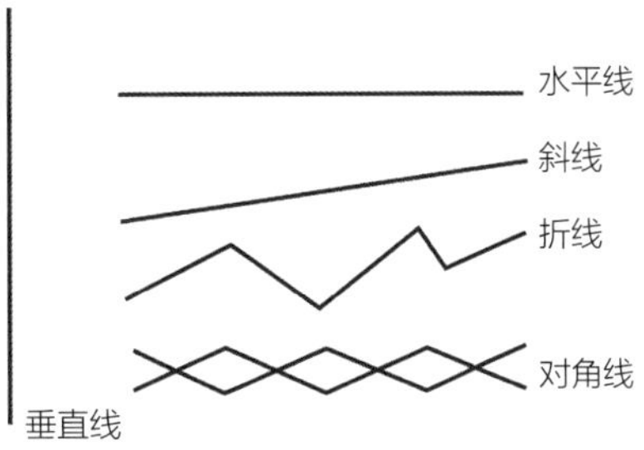

图3-12　直线系

图3-13　曲线系

## 二、线要素的应用

在产品造型中，线具有很重要的功能，除了提供方向性的暗示之外，还意味着不同要素之间所具有的联系。垂直线可以用来表现一种竖直向上的感觉，水平线则意味着稳定、平衡和舒缓，倾斜的线往往呈现出不稳定的特征，是制造紧张性和冲突感的有效手段。与两个点所形成的相互关系类似，两条平行线在视觉上也可以被看成是一个面，一组相互间隔的平行线可以明确提示出面的存在，线通过勾勒轮廓或相互交织的方式即可呈现出面和体。

### 1. 决定形体的方向

线能够决定形体的方向，或表现轻量化的意象；线也可以形成物体的外部轮廓，将形从外界分离出来，形成独特的视觉效果。

### 2. 具有框架支撑作用

线可以形成骨架，成为某种结构线，如很多结构材料，就是因为截面的特殊形状而产生了加强的作用，其被称为型材。使用截面尺寸较大的线材制作产品造型，会产生健壮和强有力的感觉；相反，使用截面较小的线材制作造型，则会产生纤细或锐利的视觉效果。

### 3. 表达情感与塑造性格

线具有丰富的情感与性格。用直线构成的造型，使人产生坚硬、严谨的感觉，但易显呆板；用曲线构成的造型，则给人舒展、优雅、灵活的感觉；用斜线构成的造型，有活力、飞跃与冲刺的动感。线也具有速度感，可以表现各种动势。

### 4. 线的材料

造型中线的材料选用有毛线、尼龙线、丝带、铁丝、竹木藤条，以及玻璃、金属、有机玻璃等管型材料。同样是线材，表面肌理效果却不尽相同，细腻或粗糙，线的表面质感对造型效果有很大影响。

### 5. 产品造型中的线

线是产品造型中十分重要的元素，一般包含轮廓线、结构线、工艺线、装饰线等。线能够决定产品形态的方向，可以作为产品外部轮廓线或结构线，很多产品的表面具有线的形式特征，既有装饰效果，又能起到加强形体的作用。

如图3-14所示的可折叠梯适用于厨房、走廊和浴室，框架由钢制成，踏板由铝制成，也可作为高脚凳使用。

图3-14　可折叠梯

如图3-15所示的吊灯具有可开合的两扇页片，闭合时是管状结构，打开时将光线限制在一定角度范围内，开关设计在侧面，可提供直观便利的操作。

如图3-16所示的吊灯的灯体由线性细杆串联三个圆柱灯筒组成，可进行多种不同组合布置，呈现一种雕塑般的视觉美感。

如图3-17所示的编织针运用人体工学进行了细节设计，泪滴状针尖让线更容易穿过针，使编织过程更流畅。此外，从泪滴状针尖到三角形截面的渐变，最大限度减少了编织时的摩擦力。

如图3-18所示的台灯具有精密的机械结构，使得台灯可以沿*X*、*Y*、*Z*三个轴向调节角度。

如图3-19所示的台灯以最简洁的结构呈现了最佳的光学性能表现，灯具主体由直径为15毫米的钢管一体成型，表面光滑，无接缝和螺丝钉，人体工学的动感线条造型能和谐融入任何环境。

如图3-20所示的吊灯灯罩采用柔软的织物材质，当内置电机驱动灯旋转时，灯罩能形成有节奏感的波浪造型，提供动态的照明效果，也可以促进室内通风。

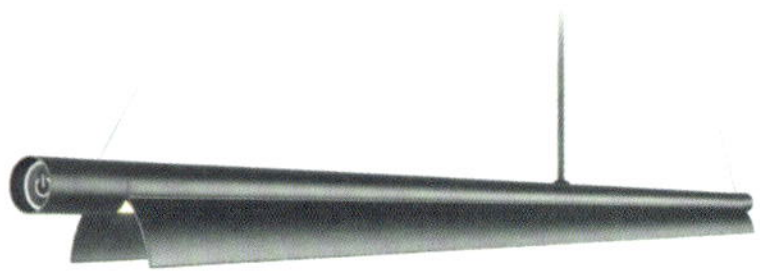

图3-15 可开合吊灯

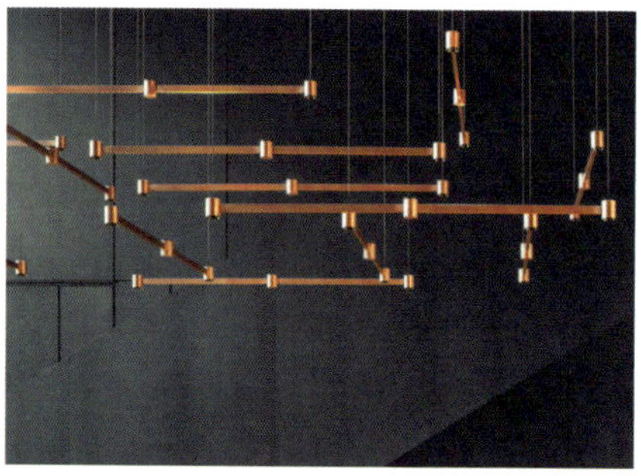

图3-16 圆柱灯筒吊灯

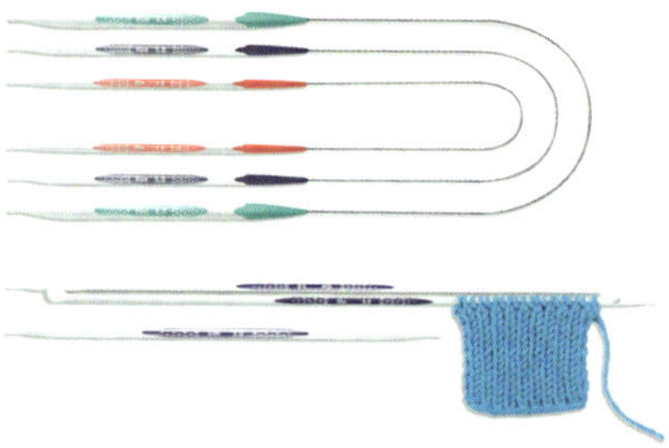

图3-17 编织针

图3-18 可调角度台灯

图3-19 动感线条台灯

图3-20 织物材质吊灯

# 第四节 面要素的特征与应用

## 一、面要素的特征

### 1. 面的特征

面的几何学定义认为，面由线的移动轨迹所形成，只有长度和宽度，没有厚度，面也可以是立体的断面、界限和外表（图3-21）。在产品造型设计中，面具有长度、宽度和厚度，视觉上点的扩大与线的宽度增加均可产生面的感觉。

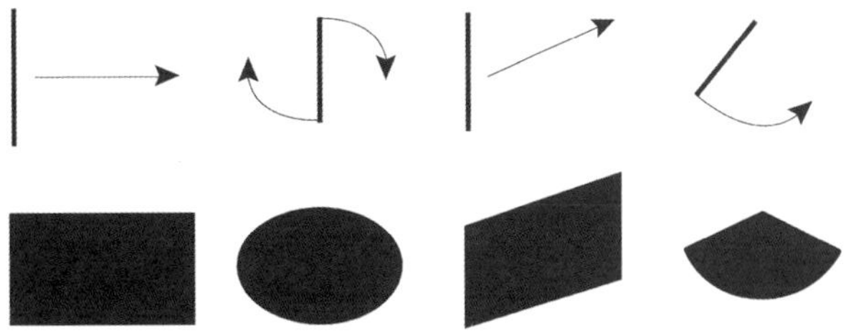

图3-21 面的特征

### 2. 面的种类

面的种类按形态可分为圆形、方形、角形和不规则形等（图3-22）。

图3-22 面的种类

（1）圆形面：圆润饱满、富有动感。标准的正圆形中心对称，使形柔和中见沉稳。带有生命力的卵形则有充实的弹力。

（2）方形面：稳定、坚实、规整、理性。

（3）角形面：尖锐、刺激，加重人知觉上的紧张感，有着极强的不安定性。

（4）不规则形面：由曲线、直线复合而成的形，个性复杂。即使是同一形态，也会因观察角度和主观心态的不同产生不同的感受。

## 二、面要素的应用

### 1. 塑造形态

面通过轨迹运动可以形成体，可以塑造各种形态。

### 2. 表达情感

面有很多种类，不同形状的面给人不同的视觉感受。平面显得整齐干净、稳定硬朗，具有延伸感；自由曲线面显得自然活泼、丰富温柔。同时，比例、形状、颜色、质感等要素也是影响人对面的心理感受的重要因素。不同围合度的面能产生封闭或开放感，不同色彩的面能产生不同的重量感等。

### 3. 面的材料

面材是最主要的造型材料，常用材料有纸、布、皮革、木板、有机玻璃、塑料、金属等。

### 4. 产品造型中的面

产品造型设计中包含很多面，如平面、折面、曲面、复合面等形式，是产品形态的外表，有支撑与美化产品的作用。

如图3-23所示的电子显示器（Place & Play）运用在B2B领域，在安装和操作期间，不需要任何有线电源，可充电电池的工作时间长达12个月。坚固的外壳材料是阳极氧化拉丝铝，耐腐蚀和防剐蹭。

如图3-24所示的微软28英寸触摸屏（Surface Studio），具有明亮的色彩和锐利的图像细节。特殊的铰链结构使得屏幕可以从水平桌面模式转换到有20度倾角的绘图板工作模式。

如图3-25所示的飞利浦曲面LED显示屏，紧凑的边框将屏幕固定，与框架式金属支架完美结合。

如图3-26所示的电竞曲面显示屏，以其经典的游戏美学设计满足了PC爱好者和游戏玩家的需求，三角形结构的支架为屏幕提供了更稳定与安全的支撑。

如图3-27所示的老板油烟机，罩壳形态具有独特的钻石切割面，20度倾角的面能促进机器排风效率提高。

如图3-28所示的博世油烟机，深色玻璃表面和拉丝不锈钢呈现了产品高质量的外观，倾斜面的罩壳能为烹饪提供更宽敞的操作空间。

如图3-29所示的LED吊灯具有不对称折面，呈现雕塑般的优雅感，从不同视角营造出动态的照明效果。

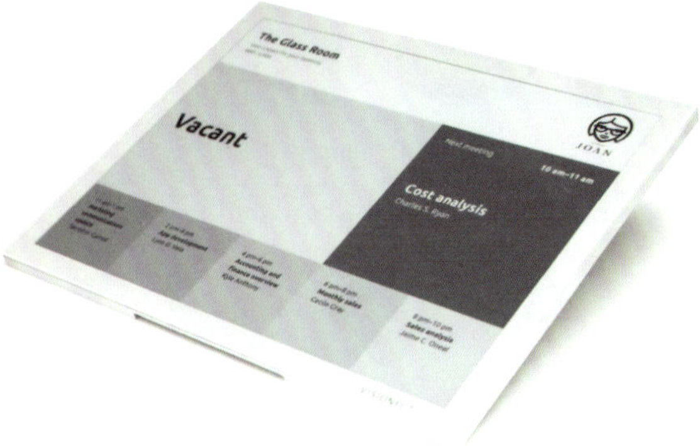


图3-23　电子显示器（Place & Play）

图3-24　微软触摸屏（Surface Studio）

图3-25　飞利浦曲面LED显示屏

图3-26　电竞曲面显示屏

图3-27　老板油烟机

图3-28　博世油烟机

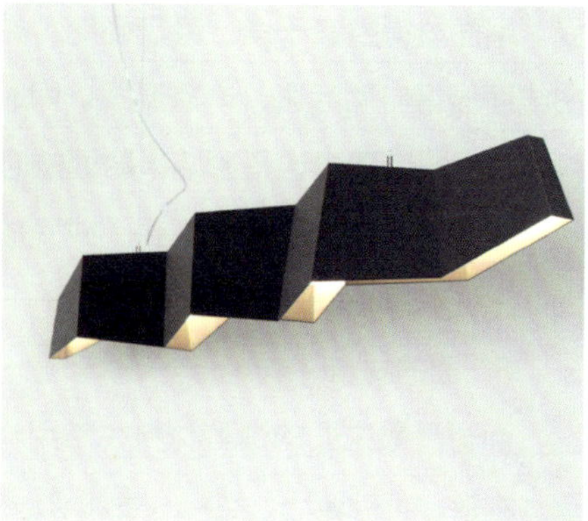

图3-29　吊灯

# 第五节 体要素的特征与应用

## 一、体要素的特征

### 1. 体的特征

在几何学中，体是具有位置、长度、宽度及深度的三维空间实体，但无重量。在产品造型设计中，体是由面经过运动形成的实体，它具有充实感与厚重感（图3-30）。体能有效表现空间立体，同时呈现出极强的量感。物质实体的体与量是不可分割、相互共存、相互依赖的关系。体是指物质的三维空间的外在表现，量是由体赋予物质的在物理和心理层面的特征。尽管体的形态各异，但都可以还原为球形体、锥形体与正方体等几何形体。

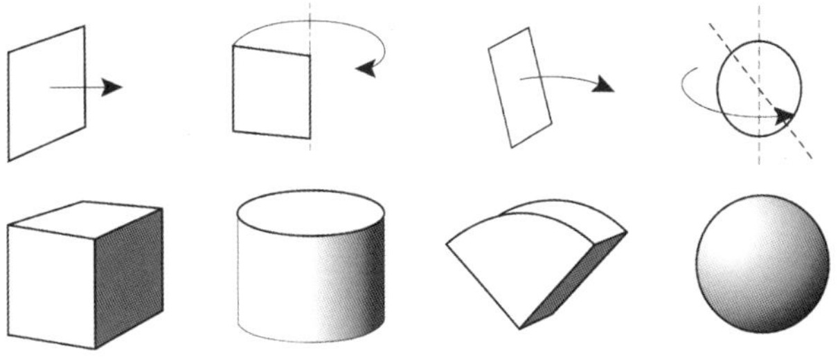

图3-30 体的特征

### 2. 体的种类

体按照三维空间的基本形态可分为以下四种类型：

（1）几何平面体。是由四个及以上的几何平面构成，其边界直线相互衔接而形成一个封闭的空间实体。如（正）三棱锥体、（正）四棱锥体、（正）立方体、棱柱、棱台等。几何平面体的表面为平面，棱线为直线，给人的视觉心理感受是庄重、大方、简练、沉着、严肃、刚直、明快等。

（2）几何曲面体。是由一个具有几何曲线形边的平面，沿着直线方向运动而形成的几何曲面柱体或回转体，如圆柱、圆锥、圆台、圆环、圆球等。几何曲面体的表面为几何曲面，比几何平面体显得活泼生动。因其秩序性较强，给人的视觉心理感受是既严肃又活泼，既端庄又灵巧。

（3）自由曲面体。是由自由形体和自由曲面所形成的回转体。自由曲面体产生的视觉心理感受，既有曲线变化的优美活泼感，又有一定的秩序性。如果曲面变化跳跃太大，各面的曲线缺乏整体性，就会给人琐碎、零乱的感觉。因此，有的自由曲面体还应与直线形体适当结合，以增强其稳定性和坚强感。

（4）自然形体。是指天然形成的一些自然形体，如山川、石砾、苍柏、枯藤、朽根等。天然形成的自然形体极具偶然性。

## 二、体要素的应用

### 1. 体的材料

体是由点、线、面综合形成的结果，在材料的选择上可以多样化，如木材、金属、塑料、石材、纸材等。由于不同材料所表现出的质感不同，如石材造型具有坚硬、厚重、充实的质感，塑料造型具有轻快的质感，因此在表现产品造型时，必须重视整体造型的推敲和表面视觉效果处理。

### 2. 产品造型中的体

如图3-31～图3-34所示，同样是水壶的造型，可以是圆柱体、圆锥体、球体或自由曲面体，但最终都要符合产品的功能设定，以满足人的使用需求为第一要素条件。

综上所述，形态设计的方法包含两部分：一是形态自身组合要素之间的变化；二是形态的运动变化，只有将二者综合运用，才是形态创造的正确方法。

形态自身组合要素之间的变化已在第二章第六节中专门讲授。形的运动变化则可以通过本章讲述的点、线、面、体要素的变化来实现，主要分为以下三种类型：

点、线、面、体的运动变化，包括移动、旋转、摆动、扩大及混合，这些运动与时间因素相关。

点、线、面、体的空间变化，包括卷曲、扭曲、折叠、切割、穿透、膨胀等。

通过上述这些运动变化形式，结合一定的材料与技术条件，就可以创造出无数新形态。

图3-31　圆柱体水壶

（a）　（b）　（c）

图3-32　圆锥体水壶

（a）　（b）

图3-33　球体水壶

（a）　（b）

图3-34　自由曲面体水壶

# 第六节　实战训练——传统电视机遥控器造型设计

## 一、设计要求

（1）从整体思考传统电视机遥控器的造型。

（2）重点研究遥控器面板上的按键排布、按键形态以及按键大小关系。

（3）利用色彩设计有机组织和区分不同的按键功能区。

（4）考虑造型的细节设计，包括按键上的丝印图案及遥控器的LOGO等。

## 二、预期目标

（1）训练学生在掌握先修课程——“设计构成”的相关基础知识和技巧后，能够运用到产品造型设计中，帮助学生架构起一座从构成到设计的桥梁。

（2）训练学生针对具有明显点要素特征的产品进行造型设计的能力。

（3）培养学生将产品造型的人机尺度纳入方案构思中的意识，学会运用人机尺寸关系判断、衡量设计方案的优劣。

（4）使学生理解产品造型设计是在尺寸约束下探求最佳方案的设计行为。

## 三、设计分析

### 1. 遥控器整体造型分析

（1）遥控器的尺寸。参照GB 10000-88标准中中国成年人人体主要尺寸数据，95%的成年男性手长在196mm以下，手宽在89mm以下，手掌长在102mm左右；95%的成年女性手长在183mm以下，手宽在82mm以下。为方便握持及操作，遥控器的最佳宽度应该在40~50mm范围内。如果宽度在60mm以上，手指的灵活性会被过分限制，既不利于操作按键，也降低了握持的舒适度，如图3-35所示为苹果公司的便携式移动播放器（iPod Touch）。相反，如果宽度过窄，遥控器较多的功能按键分布使其不得不设计得很长，给大拇指操作带来不便，如图3-36所示为丹麦B&O公司的遥控器（Beo 4）。

（2）遥控器的重心。遥控器内部电路板的重量较为均衡，主要的重心调节来自于电池。5号电池的尺寸为底圆直径14mm，高度49mm。7号电池的尺寸为底圆直径小于10mm，高度小于40mm。因此，遥控器的厚度至少应在18mm以上才能容纳两节电池，也不应超过25mm，否则握持时不舒服。遥控器的重心应该后移，尽量放在用户的掌心内，这样握持和操作都会很舒适，所以电池仓最好设计在遥控器的底部。 整个遥控器的形状也应配合这一布置，前方较薄，逐渐过渡到后方约20mm的厚度。

综合以上因素，在市面上较为流行的几个品牌中，夏普液晶电视的遥控器握持感较为舒适，该款产品正面采用前宽后窄的形态，后部便于握持，前部便于排布按键，棱角处用圆弧过渡使手感舒适（图3-37）。其电池仓放置在整个遥控器的底部，整体重心因此而后移，与正面前宽后窄的外形相呼应，带来最好的整体握持感（图3-38）。从侧面造型来看，其整体也是由前到后逐渐变厚，方便四指握持并用大拇指操作（图3-39）。

2. 遥控器按键造型分析

电视机遥控器通常会有40多个按键，有的产品甚至多达50多个。实际使用时用户大多只用“播放”和“暂停”按键。在进行按键设计时，需要考虑是否可以简化。

（1）按键形态。椭圆形和圆形是比较理想的按键形态，按键中间凸起可保证手指有明确的触感，按键边缘进行导圆角处理可避免局部尖锐受力，按键之间的间隔以大拇指的宽度为依据，以不能碰触临键为原则，按键安装的高低通过手指受力位移实验可得出一个最佳值。通常方向键不用圆形和椭圆形，而用环扇形或有一定方向指示的形态表达。

（2）按键分布。电视机遥控器的表面按键数量很多，如果每次操作时都要用户去寻找、观察、判断，显得十分麻烦，所以应该对按键进行编码。编码一般有以下7种方式：标记（符号）、颜色、大小、形状、表面纹理、操作方式和位置。

频道加减键和音量加减键：由于用户一般握在遥控器的后部，频道加减键和音量加减键应该安排在整个遥控器的中间部位。这两组键也应该编码加以区分，以使用户更容易找到。看电视时，用户的视线集中在屏幕上，转移视线到遥控器上找按键就显得十分麻烦。一般做法是将这四个按键排成四个方向的圆弧形，或设计成有方向的箭头形等。从用户的认知直觉来看，可以将频道加减键设计成向左右的箭头形，音量加减键设计成一

图3-35　iPod Touch

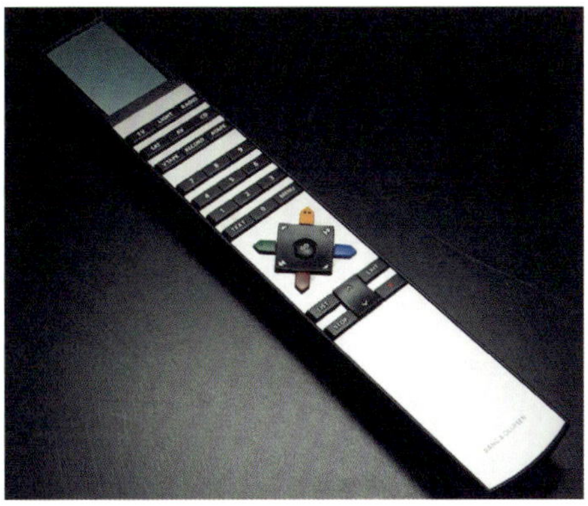

图3-36　B&O Beo 4遥控器

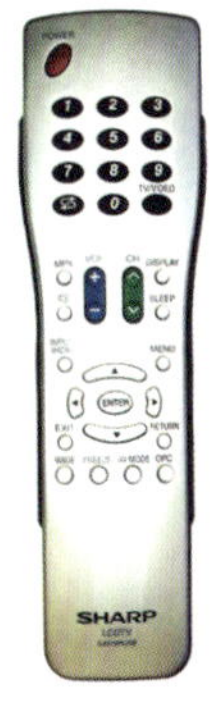


图3-37　夏普液晶电视遥控器

图3-38　夏普液晶电视遥控器背面造型

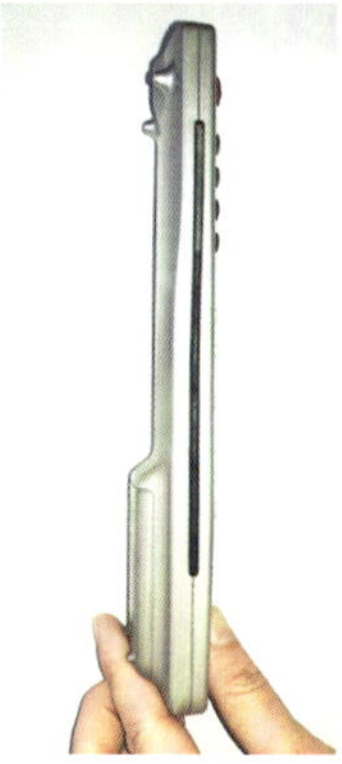

图3-39　夏普液晶电视遥控器侧面造型

大一小的圆形或箭头形，且功能相似的排布在一起，不能相距太远。

数字键：数字键排列在一起主要有3×4和4×3两种形式，考虑到遥控器的宽度，3个按键一排更为合理。还可以通过特殊的空位来区分和定位，例如将最后一排数字键的第一个位置空出来，能让用户分辨出各个数字键的位置。

关机键和静音键：这两个键相对于前两类按键不常用，一般被安排在遥控器最上端。形态应该与其他按键不同，尺寸上稍大，还可以在颜色上做出区分，以便在紧急需要时快速找到。静音键要防止误操作，应该从大小、形态上区分，或设计成平面按键。

回看键：回看键的使用频率相对较高，应该设计在遥控器中部，即拇指操作区域内。可以安排在数字键区内，也可以安排在频道加减键附近，主要从位置上加以区分。

（3）按键数量。遥控器面板上过多的按键会降低使用的舒适度，也会造成老人、儿童使用不便。所以不应在面板上安排太多按键。通过翻盖、滑盖等方式将特殊的按键隐藏在遥控器下层，需要时打开使用，这样既能使主面板简洁明了，又能有效防止握持时误操作。

（4）按键文字注释。对于面积较为狭小的遥控器来说，文字注释应该简洁，选取有代表性的几个字来描述该键的功能即可。在按键和外壳的相应位置都印上文字注释或符号标志，按键被磨损后也不会影响使用。

## 四、优秀作品

如图3-40、图3-41所示为手绘草图。

如图3-42～图3-49所示为计算机绘制效果图。

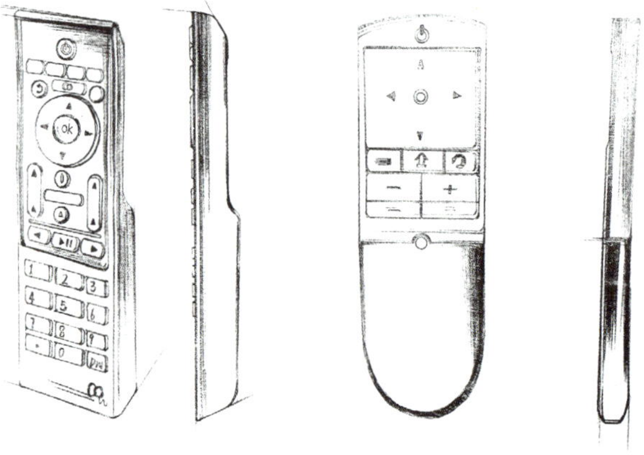

图3-40 唐天慧作品

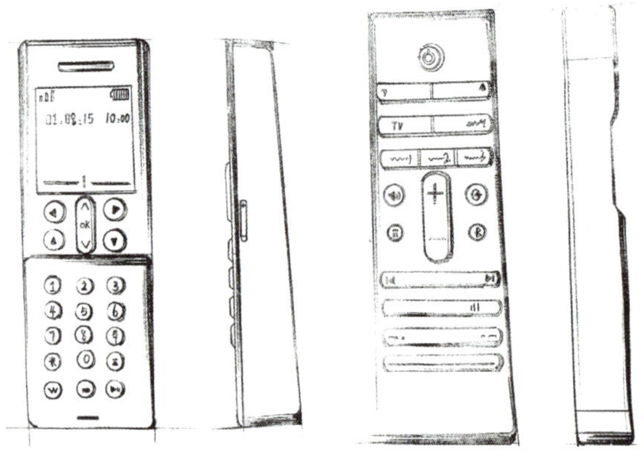

图3-41 唐天慧作品

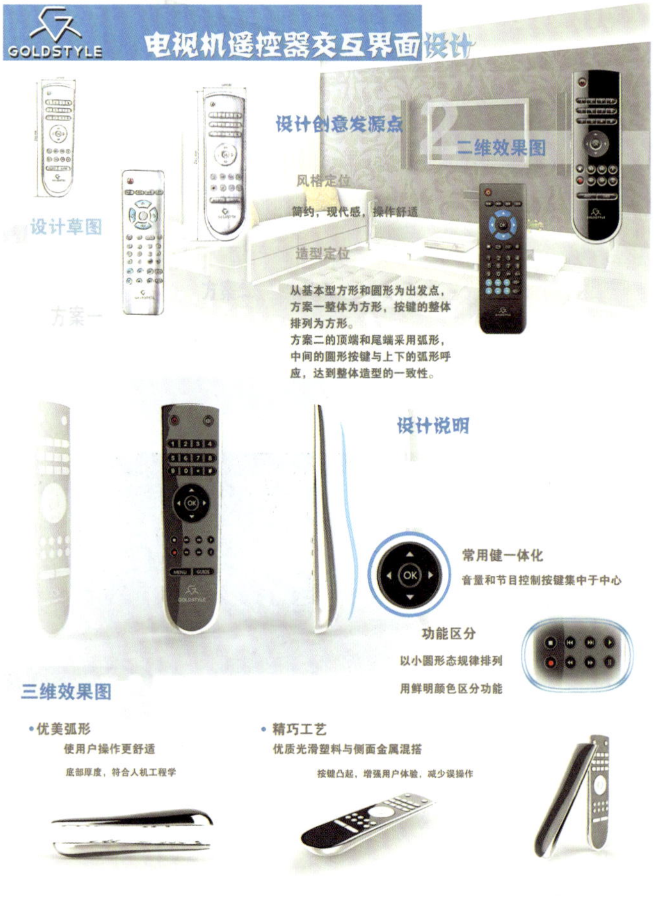


图3-42 周美琪作品

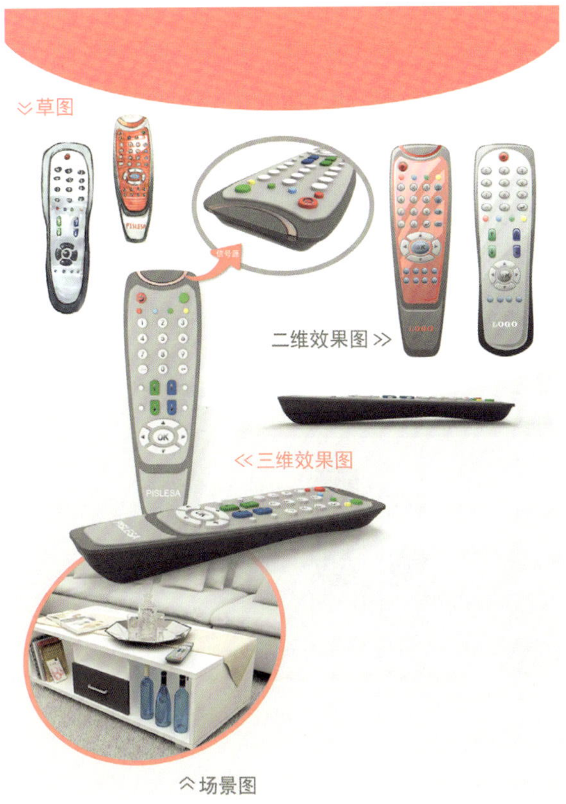


图3-43　杜燕作品

图3-44　何雯靓作品

图3-45　马千一作品

图3-46　任至瀚作品

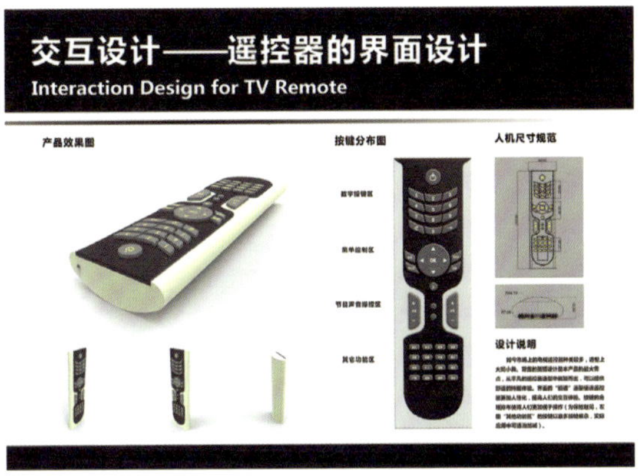


图3-47　唐敏作品

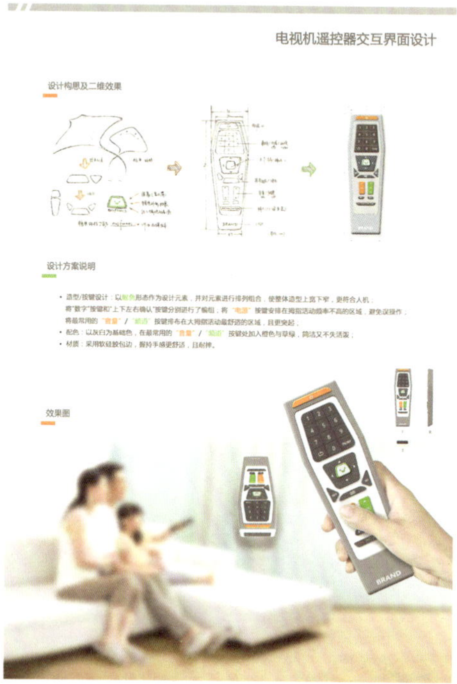


图3-48　陈依恬作品

图3-49　张靖宇作品

## 五、设计回想

当下市场的主流产品是智能电视机，传统电视机遥控器上很多按键操控功能被智能电视机屏幕上的交互菜单所取代，导致电视机遥控器上的按键数量大幅减少。在此情境下，研究传统电视机遥控器的造型设计对于培养学生掌握具有点要素特征的产品造型方法仍然具有重要意义。在处理传统电视机遥控器上的按键造型时，核心的设计策略包括四个方面：

（1）删除：去掉所有不必要的按键。

（2）组织：按照有意义的标准将按键划分成组。

（3）隐藏：把那些不是最重要的按键安排在活动仓盖之下，避免分散用户注意力。

（4）转移：在遥控器上保留最基本的功能按键，将其他控制功能按键转移到电视屏幕的菜单里，从而将复杂的操作流程从遥控器转移到电视屏幕的交互界面中。

有些产品的造型与这几个策略都相关，但通常会倾向于其中一种，如引入新的技术，在遥控器上设计一块触摸屏，或者为电视加装手势识别模块。无论如何，本质上仍然是删除、组织、隐藏和转移。

# 第七节　实战训练——饭勺造型设计

## 一、设计要求

（1）本次设计研究的对象是家庭用盛饭饭勺，请选择几款不同的目标产品作为试用样品，亲自体验人机交互的感受。

（2）请拍照记录交互使用场景，测量产品关键尺寸，标注在照片的相应位置。

（3）通过对相关市场要素（如形态、功能、人机、色彩、材质）、使用人群及竞品进行分析，归纳确定可设计的切入点。

（4）绘制草图方案，表现产品基本的体量感与材质效果，关键设计点用简单文字说明。

（5）根据草图设计与分析过程，挑选出最终方案进行完善和定稿，并建模、渲染、制作场景版面图。

## 二、预期目标

（1）训练学生在掌握先修课程——“设计构成”的相关基础知识和技巧后，能够运用到产品造型设计中，帮助学生架构起一座从构成到设计的桥梁。

（2）训练学生针对具有明显面要素特征的产品进行造型设计的能力。

（3）培养学生将产品造型的人机尺度纳入方案构思中的意识，学会运用人机尺寸关系判断、衡量设计方案的优劣。

（4）使学生理解产品造型设计是在使用场景影响下探求合适方案的设计行为。

## 三、设计分析

如图3-50所示为样品不同角度的照片。饭勺手柄处需要承受铲饭时施加的力，手柄处造型不宜太薄，因此在手柄处有加厚处理，让使用者紧握铲饭时更加舒适。饭勺的手柄造型多样，有长柄或短柄、曲柄或直柄等。此饭勺手柄的前后端有凸起支撑部分，当饭勺平放在桌面上时，可以避免勺头部分直接接触桌面，起到保持清洁的作用。此外，饭勺不用时也可以卡在饭锅边缘固定或悬挂在墙上。由此例样品分析可知，通过对饭勺手柄进行造型设计的处理，能提供三种不同的放置状态，拓展产品的使用场景。

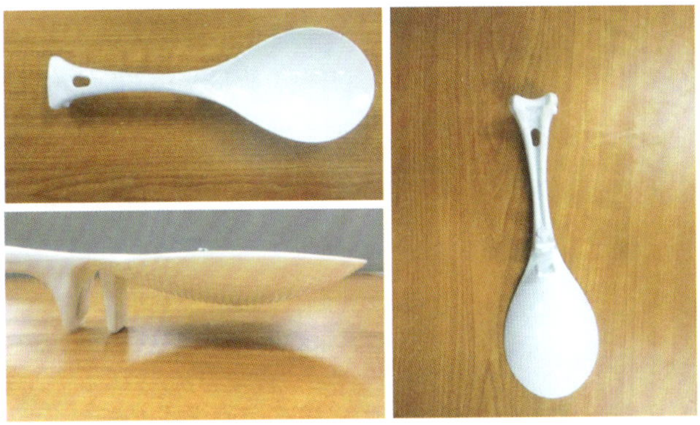

图3-50　饭勺样品

## 四、优秀作品

如图3-51～图3-66所示为手绘草图。

如图3-51所示，该饭勺手柄较为厚实，握感舒适，整体曲线过渡较为自然，造型较为生动，颜色温和清新，主体模块化，可以拆卸替换，勺面具有互动性、趣味性。

如图3-52所示，该饭勺手柄较为厚实，握感舒适，整体造型有机生动。

如图3-53所示，该饭勺采用不对称的有机形态，增加使用过程中的趣味性和互动性。

如图3-54所示，该作品增大饭勺舀饭部分的接触面，且整体造型为一体成型。

如图3-55所示，其整体造型受DNA双链螺旋结构启发，大胆突破传统饭勺造型，一体成型的有机形态非

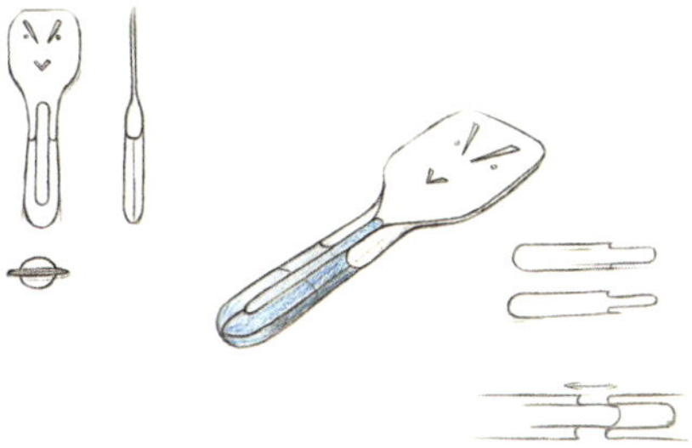

图3-51　曾庆钢作品

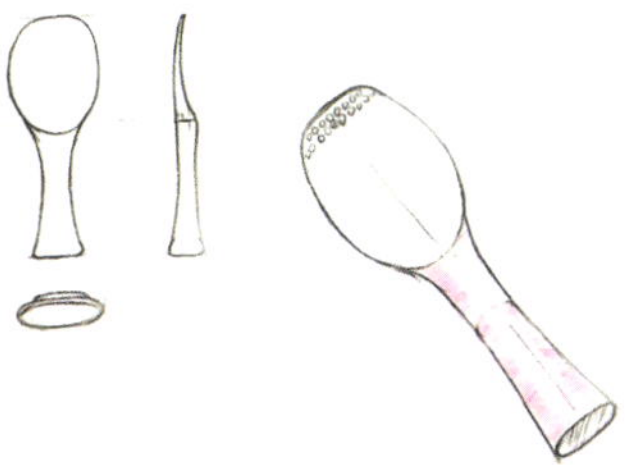

图3-52　曾庆钢作品

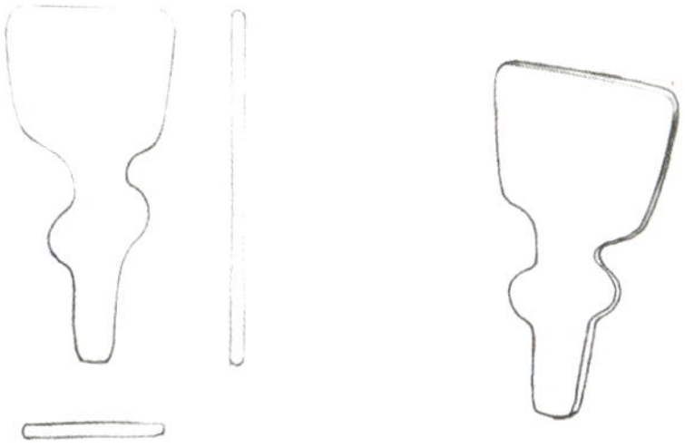

图3-53　郭熙敏作品

常贴合人的手部握持。

如图3-56所示，勺面有开槽，降低米饭对饭勺的黏性，同时节省生产原料。勺柄末端有平底底座，饭勺可以直立于桌面，避免勺面与桌子接触。勺柄造型弧线提升了使用舒适度。

如图3-57所示为一款为制作寿司而特别设计的饭勺，制作过程中，制作人握住勺柄的凸起部分，可以轻松操作压平米饭，翻转饭勺，放在桌面上，凸起结构可避免勺面与桌面接触，保持清洁卫生。

如图3-58所示，勺柄底面凸起处可有效避免勺面与桌面接触，间隙则方便抓握。

如图3-59所示，饭勺勺面有微小的弧面造型，能更好地聚拢米饭粒。

如图3-60所示，勺柄采用塑料材料，勺头采用不锈钢材料，勺尾镂空部分方便悬挂。

如图3-61所示，勺柄采用塑料材料，勺头采用不锈钢材料，勺尾有一定弧度，长久使用也不会有强烈的疲劳感。

如图3-62所示，饭勺背面凸起部分能避免饭勺与桌面直接接触，保持清洁卫生，增大勺柄末端可使握持更舒适。

如图3-63所示，勺头部分的不对称造型适用于大小不同的锅具，双层旋转结构能有效分离粘连的米粒，勺柄底部吸盘使摆放更加稳定。

如图3-64所示，勺柄末端平面造型可提供稳定的直立摆放，圆形镂空处方便悬挂。

如图3-65所示，饭勺整体有机弧面一体成型，勺头部分弧面有聚拢米粒的作用，勺柄末端凹面使得握持更

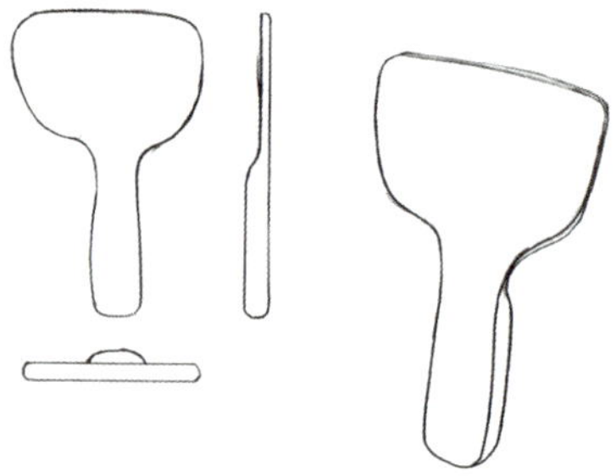

图3-54　郭熙敏作品

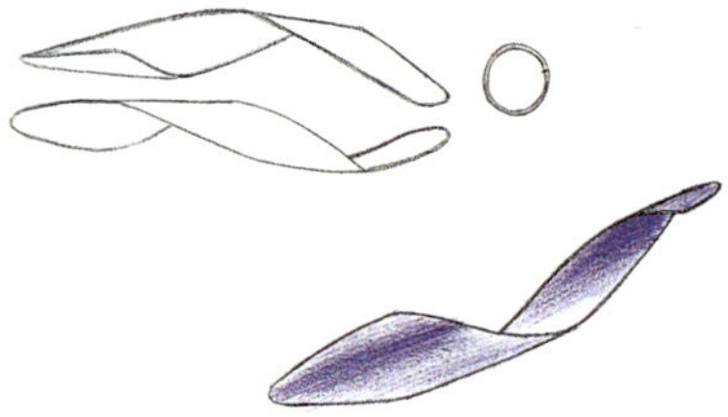

图3-55　李雪凤作品

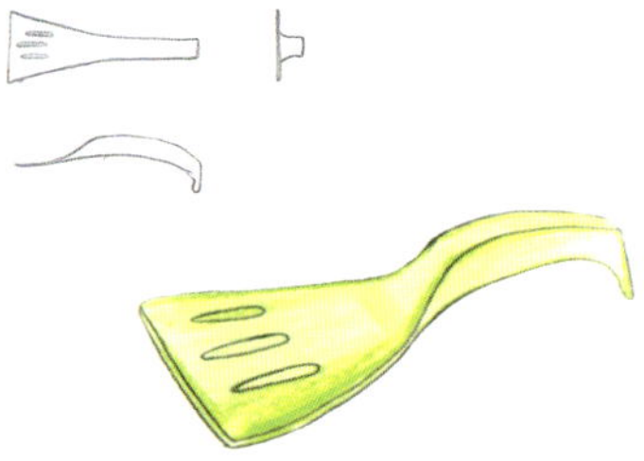

图3-56　李一凡作品

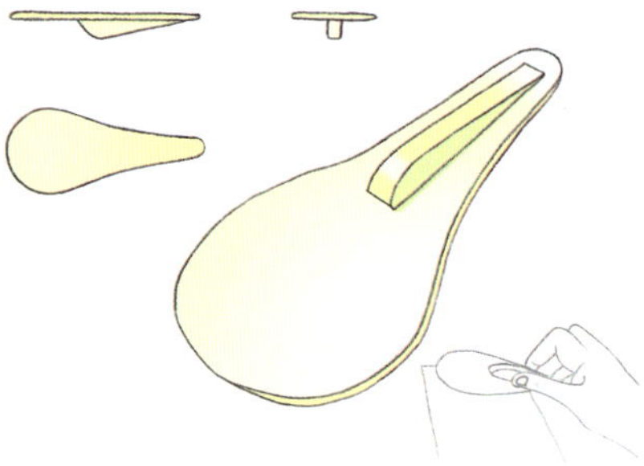

图3-57　李一凡作品

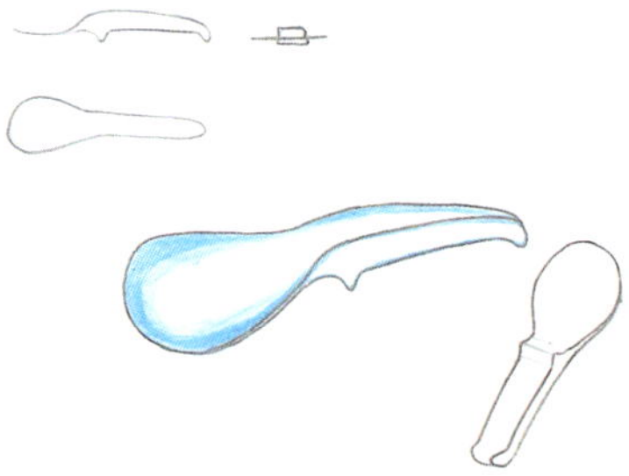

图3-58　李一凡作品

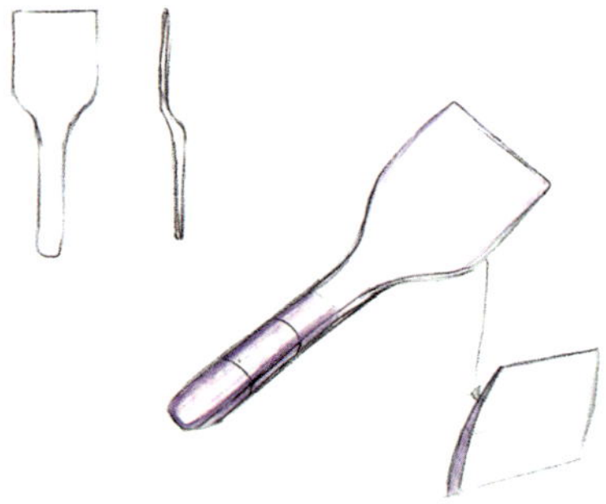

图3-59　刘顺尧作品

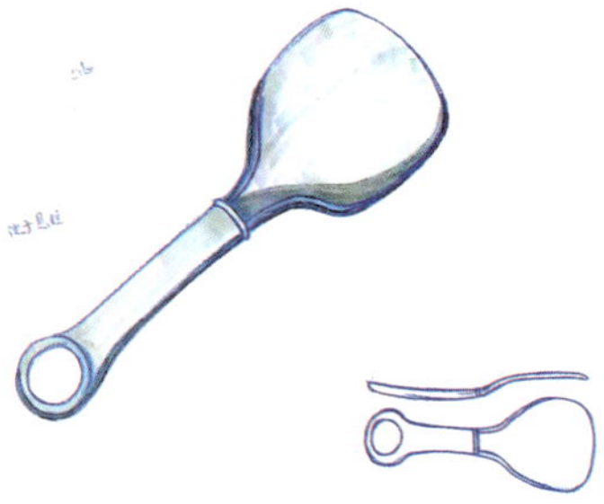

图3-60　卢丹丹作品

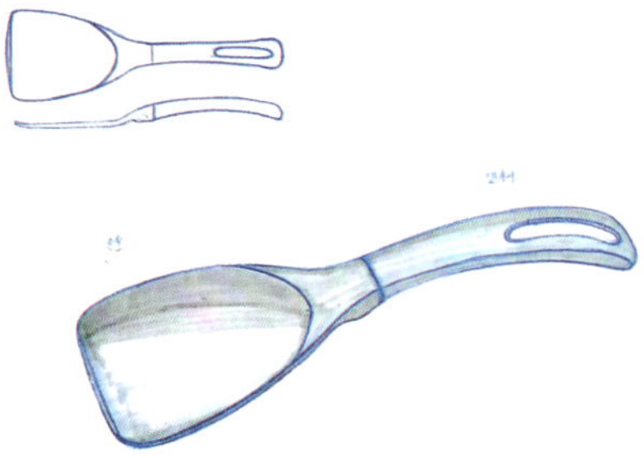

图3-61　卢丹丹作品

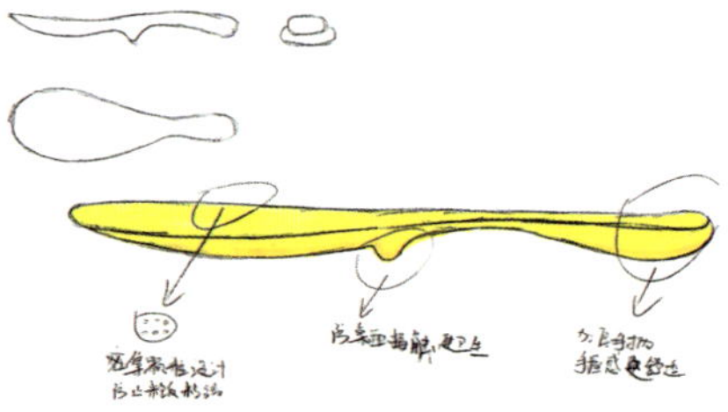

图3-62　栾海雯作品

牢固，不易滑落。

如图3-66所示为一款亲子饭勺，该产品同时提供两种造型以适应成人和儿童使用，儿童饭勺的手柄长度较短，粗度较细；成人饭勺的手柄加长、末端加粗，整体造型采用仿生设计手法，将大象的形象融入造型语意，勺头模仿大象的头部，手柄模仿大象的鼻子。

如图3-67～图3-76所示为多种饭勺的最终方案结合使用场景的版面图。

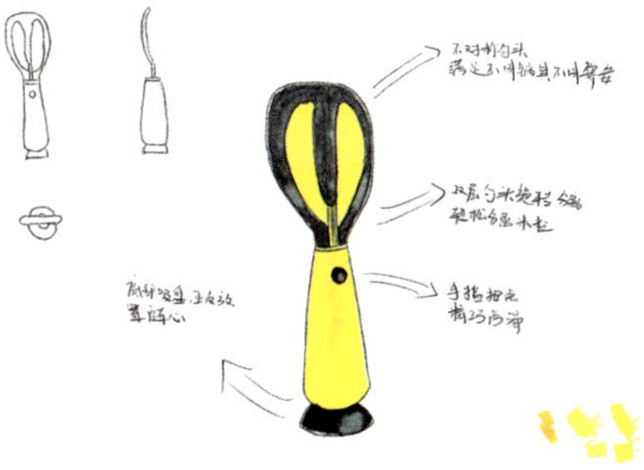

图3-63　栾海雯作品

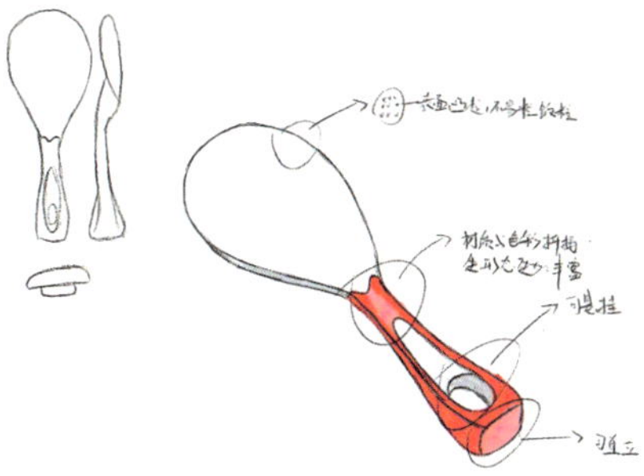

图3-64　栾海雯作品

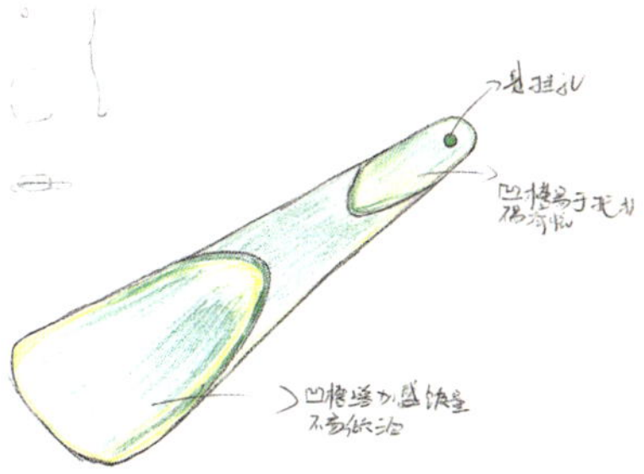

图3-65　栾海雯作品

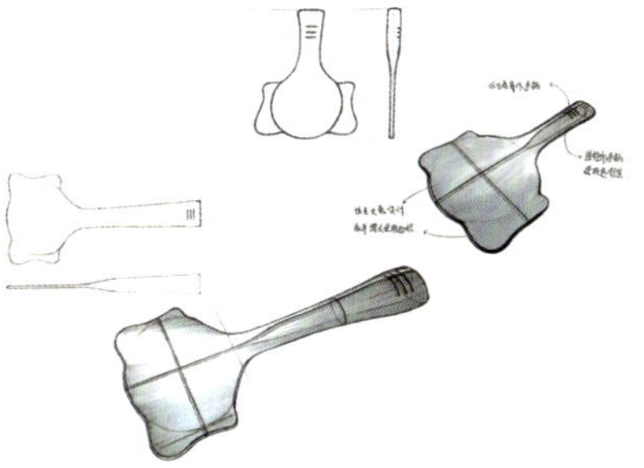

图3-66　沈弈作品

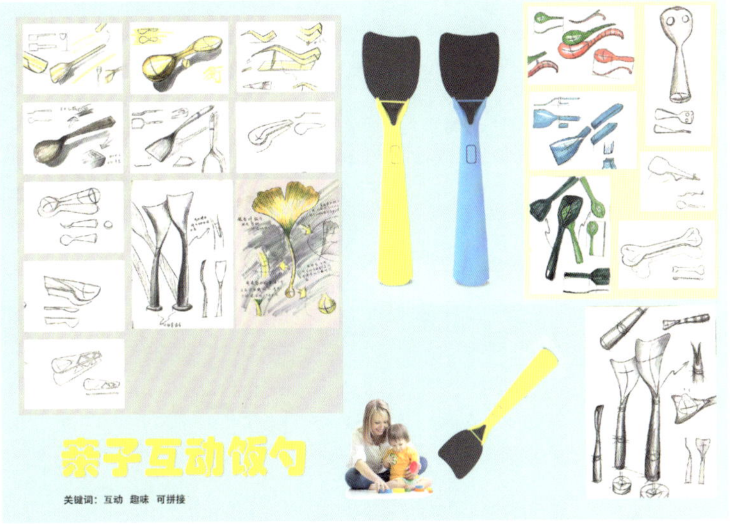


图3-68　李纯作品

图3-67　曾庆钢作品

图3-69　李红阳作品

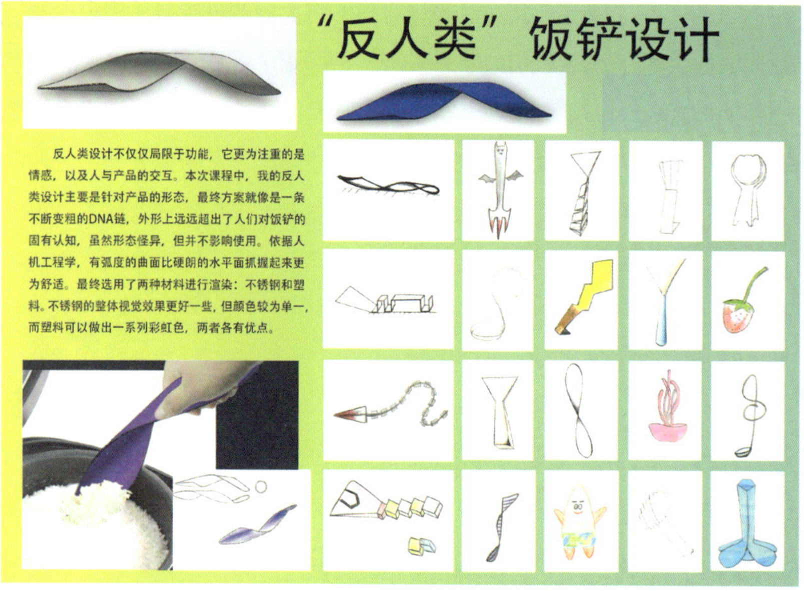


图3-70　李雪凤作品

图3-71　李一凡作品

图3-72　林煊力作品

图3-73　卢丹丹作品

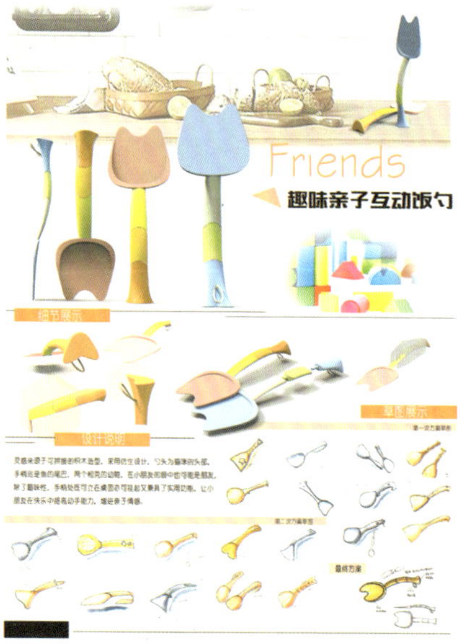


图3-74　孟维维作品

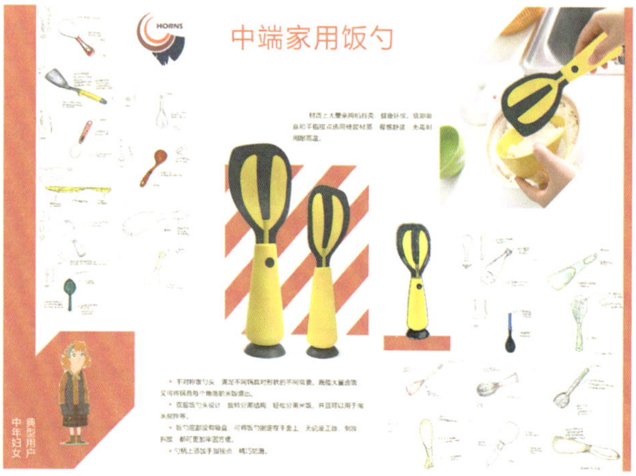


图3-75　栾海雯作品

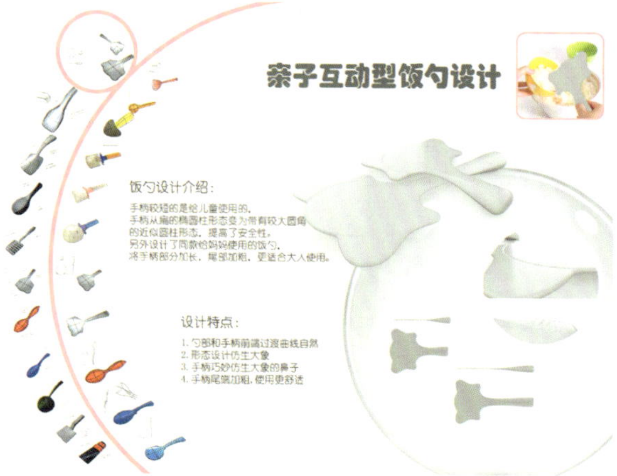


图3-76　沈弈作品

## 五、设计回想

家庭用盛饭饭勺的造型看似简单实则不然，饭勺类产品的整体造型具有鲜明的面要素特征，需要综合运用本章节中学习的各种类型面的造型技巧。此外，在考虑造型方案时，还需要将产品置于人机交互的实际使用场景中分析，明确设计所针对的目标群体，重点研究他们的生活环境、方式、喜好等，以便进行精准设计定位。

### 思考题

1. 产品形态的基本构成要素有哪些？
2. 点、线、面、体要素是如何运用在产品造型设计中的？请举例说明。

# 第四章

# 产品造型设计的美学法则

## 学习目的与要求

本章讲述了产品造型设计的相关美学法则，要求学生理解统一与变化、比例与尺度、对比与调和、对称与均衡、稳定与轻巧、节奏与韵律、过渡与呼应这七个典型美学法则在产品造型设计中的运用，通过本章内容的学习能分析相关典型产品案例的造型设计技巧。

## 学习重点

1. 理解产品造型设计的七个美学法则。
2. 掌握典型美学法则在产品造型设计中的运用技巧，并能尝试做出设计方案。

## 思政元素融入

通过本章内容的学习，使学生深刻认识到美学法则在产品造型设计中可以发挥“以美增韵，以美为媒，以美担当”的重要作用。

瓦楞纸坐具设计实战训练课题的设置，有利于帮助学生践行生态理念，在生活消费中培养和树立绿色消费观念，在追求健康、舒适和幸福生活的同时，注重环保，节约资源，实现可持续消费。

高铁文创产品设计实战训练将伟大民族复兴和爱国主义情怀融入学生的设计实践过程中，引导学生创作具有中国特色的高铁文创产品，增强民族自信，坚决拥护中国共产党的领导，发自内心的热爱祖国。

PPT课件

产品造型设计的美与纯艺术造型的美有本质上的差异。纯艺术造型的美可以自然形成，也可以由艺术家的灵感创作而产生，只要被少数人欣赏便可视为成功；产品造型设计的美则必须满足多数人的需求，其基本美学法则要能够为大多数人所接受，设计师根据这些基本法则进行延伸和拓展，才能获得比较满意的设计效果。

产品造型设计的美学法则主要研究产品形式美感与用户审美之间的关系，以基本美学法则为工具揭示产品造型的发展规律，满足用户对产品审美的需求。产品除具有可使用的实用价值外，还具有可欣赏的审美价值。人类在数十万年前就意识到美的存在，在劳动过程中有意识的对生产工具和生活物品进行装饰，通过长期生产实践对复杂形态的分析研究，总结出了形式美的基本法则。

在设计构成研究中，也有美学法则的具体运用情境，这为进一步学习产品造型设计中的美学法则奠定了基础。设计构成创作过程中对美学法则的运用主要集中在对事物纯形式的造型探讨层面，产品造型中运用美学法则进行设计还必须紧密联系产品的功能、材料、人机交互关系等因素。

# 第一节　统一与变化

统一与变化是诸多形式美法则的集中与概括，反映了事物发展的普遍规律（图4-1）。

## 一、统一

统一是指组成事物整体的各个部分之间，具有呼应、关联、秩序和规律性，形成一种具有一致趋势的规律。统一增加艺术造型的条理性，体现出秩序、和谐、整体的

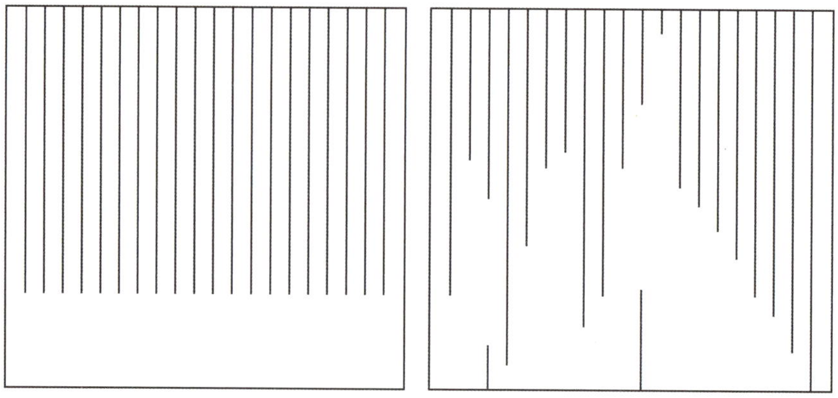

图4-1　统一与变化

美感，但过分统一会使造型显得刻板单调，缺乏视觉张力，统一中需要有变化。

## 二、变化

变化指事物各部分之间相互矛盾、相互对立，使事物产生一定的差异性，以及活跃、运动、新奇的感觉。变化是视觉张力的源泉，有唤起趣味的作用。变化受一定规则的制约，过度变化会导致造型零乱琐碎，引起精神上的动荡，给视觉造成不稳定和不统一感，因此，变化必须服从统一。

## 三、统一与变化的关系

在产品造型设计中，统一与变化可通过造型的各要素，如线条的粗细、长短、曲直、疏密，形的大小、方圆、规则与不规则，色彩的明暗、鲜灰、冷暖、轻重、进退等处理手法，达到形式美的和谐统一。

统一与变化是相对的概念，存在于同一事物中。过分的统一与没有节制的变化都会削弱造型的形式美感。在设计中既要统一中有变化，又要变化中有统一。统一中求变化，产品显得稳重而丰富；变化中求统一，产品显得丰富而不紊乱。统一与变化反映了事物发展的普遍规律，统一是主流，变化是动力。

## 四、统一与变化在产品造型设计中的运用

在诸多美学法则中，统一与变化是总的形式规律，具体的形式美感都从不同角度反映着统一与变化。产品造型设计中，结构的形式、外观的样式、色彩的搭配都离不开统一与变化。

如图4-2所示为智能终端（GIRA）的面板造型设计，在统一中求变化，变化中求统一，设计时总揽全局，并以此形成和谐之美、秩序之美、变化之美等具体的形式美感。

如图4-3所示的灯具（CHOICE）将不同的灯筒集成到一个灯光系统中，灯筒通过配置器安装在底座上，用户可以自由选择灯光颜色和灯筒材质，设计传达了形式的统一，以及颜色和材质的变化。

如图4-4所示的播放器（AK400）整机造型设计在统一中有细节变化，机身一侧造型独具特色，硬朗线型的变化在光线折射后会产生不同的视觉效果，不锈钢音量控制盘独特的纹路使得其在调节音量时具有更好的操控性。

统一与变化在不同产品中所占比例不同，有些产品是在统一的前提下求变化，以改变产品造型的平淡感，有些产品则是在变化的前提下求统一，复杂中求和谐。

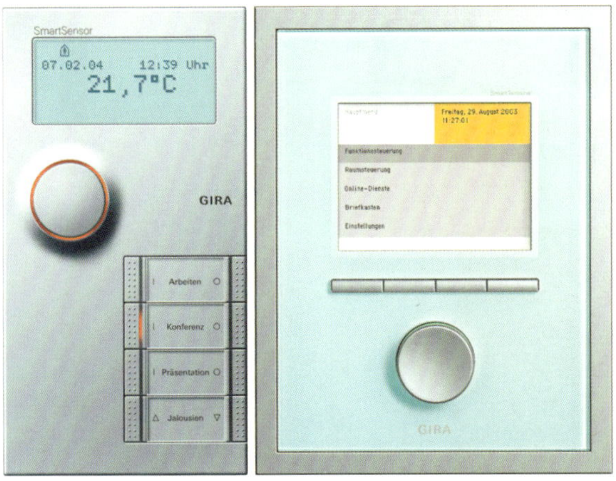


（a）　　（b）

图4-2　智能终端（GIRA）

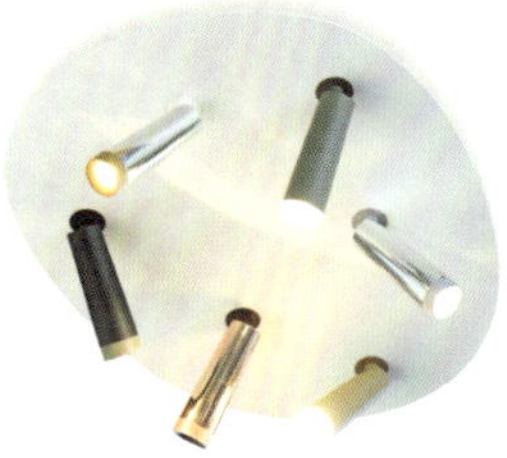

图4-3　灯具（CHOICE）

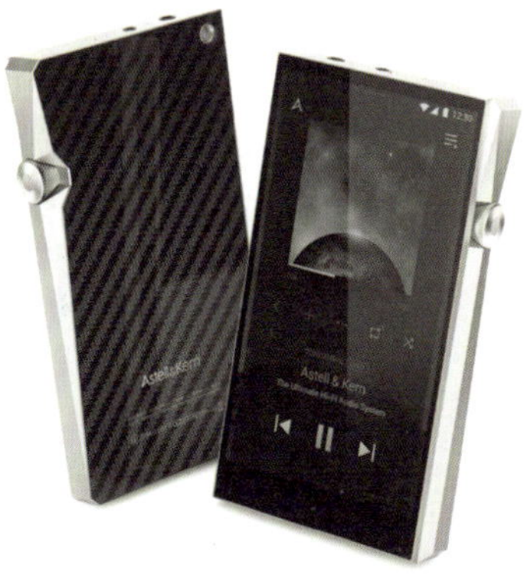

图4-4　播放器（AK400）

# 第二节　对比与调和

## 一、对比

对比指事物内部各要素之间相互对立、对抗的一种关系，对比可产生丰富的变化，使事物的个性更加鲜明。

## 二、调和

调和指将事物内部具有差异性的形态进行调整，使之和谐。

## 三、对比与调和的关系

对比是变化之根，调和是统一之源。对比与调和反映事物内部发展的两种状态。对比强则调和弱，调和强则对比弱，产品造型设计中把握其度很重要，过强的对比使造型显得突兀、动荡不安，而过强的调和又显得呆板、平淡。对比与调和是矛盾的双方，相互制约、相互作用。

在产品造型设计中，具有对比特点的形式要素很多，属于形态方面的有方圆、曲直、横竖、大小、长短、宽窄、粗细、繁简、凹凸等；属于色彩方面的有明暗、冷暖、进退、缩张、鲜灰、轻重等；属于质感方面的有光滑与粗糙、华丽与朴素、有光与无光、柔软与坚硬等。

如图4-5所示为办公椅（Mirra Chair），其经典的蝴蝶型椅背是网状织物结构，能支撑用户的动态移动并保持脊椎平衡，避免了颈、背和腰部疼痛。椅背、扶手和座面优雅的曲线形态与椅腿硬朗的直线形态形成鲜明对比。

如图4-6所示，惠普Elite演示器鼠标质量仅55g，可以轻松放入背包中。只要转动设备，即可在鼠标和演示器模式之间切换，实现一机两用。整体形态与演示按键之间方和圆的对比使得设备呈现商务专业性的同时又不失生动活泼。

如图4-7所示，硅胶手作垫（Table Skill Mat）供孩子在绘画和手工制作时使用。珠子、造型泥、颜料等手工材料可放在七个小的圆形储物格中，手作垫防水、防滑、易清洗，可卷起或折叠，能节省空间。

如图4-8所示，是一款便携式可充电台灯（Follow Me），它有一个可以提携的把手，紧凑的尺寸和宜人的光线适合在没有电源插座的地方使用，灯具和把手的表面材质具有高对比度，像是一个指路人手中提着油灯向人们喊“Follow Me”。

如图4-9所示，台灯（Nightingale）精致的灯罩让人联想到灯笼，通过其清晰的造型语言和LED的柔和光束，使之呈现出现代美感。一条黑色皮革带在颜色与材质上拉

图4-5　蝴蝶型椅背

图4-6　惠普Elite演示器鼠标

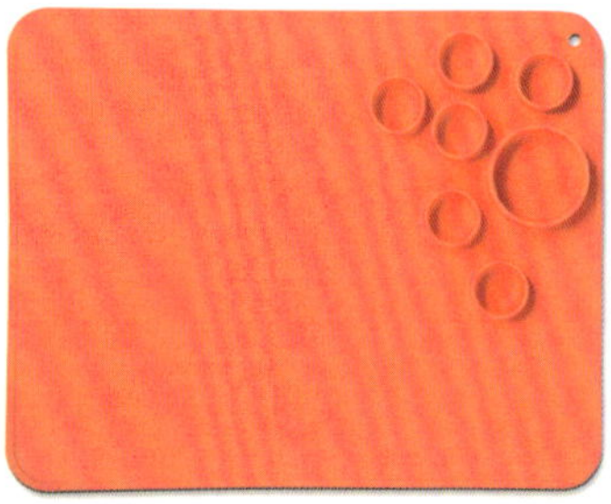

图4-7　硅胶手作垫（Table Skill Mat）

图4-8　便携式可充电台灯（Follow Me）

开与灯罩的对比度，同时又不露声色的将电线隐藏进去。

如图4-10所示，耳机（Space One）精致的铝外壳涂上了柔和的磨砂钛涂层，与充满质感的黑色皮革纹理材料形成鲜明对比，耳机拥有高保真音质和主动降噪功能，非常适合户外使用。

对比与调和在实际设计中要根据产品的不同类别、功能乃至用户群体来协调把握。合理利用对比与调和往往使产品更加生动。在统一的前提下适当运用对比，能起到画龙点睛的作用，在复杂的形式中运用调和可使造型更加统一丰富。

图4-9　台灯（Nightingale）

图4-10　耳机（Space One）

# 第三节　比例与尺度

在产品造型设计中，比例与尺度既反映结构功能，又符合人的视觉审美。人们在生产实践中对事物进行研究，形成了一些符合视觉感受习惯的比例与尺度，在一定程度上体现出均衡、稳定、和谐的美学关系。

## 一、比例

比例指事物中整体与局部，或局部与局部之间的大小、长短、高低、分量的比较关系。在产品造型设计中，比例主要表现为造型长、宽、高之间的关系。随着科学技术的不断发展，产品为了符合人机工程学的需求，各种新的比例尺度会不断出现。合理的比例能使产品造型更适合人的心理与生理需求，可优化产品的功能，是产品造型设计协调尺度的基本手段。

### 1. 几何法则

比例关系可运用几何学规律来表现。

（1）黄金比：黄金比是指将整体一分为二，较大部分与整体部分的比值等于较小部分与较大部分的比值，约为0.618，由古希腊数学家和哲学家毕达哥拉斯[Pythagoras，约公元前580—500（490）年]提出。有一天毕达哥拉斯走在街上，经过铁匠铺前听到铁匠打铁的声音非常好听，节奏很有规律，便用数学的方式将这个声音的比例表达了出来。

如图4-11所示，设一条线段$AB$的长度为$a$，$C$点把

图4-11　黄金比

它分成两段，且$AC$为$b$，则$b$比$a$就是黄金比。

数学推导过程如下：

在线段$AB$上有点$C$，使得$BC/AC = AC/AB$

$$设AB = a$$

$$AC = x$$

$$则（a-x）/x = x/a$$

$$x^2 = a^2 - ax$$

$$x^2 + ax - a^2 = 0$$

$$x^2 + ax + a^2/4 - 5a^2/4 = 0$$

$$(x + a/2)^2 = 5a^2/4$$

$$x + a/2 = \sqrt{5}a/2 或 x + a/2 = -\sqrt{5}a/2$$

$$\bar{x} = \frac{\sqrt{5}-1}{2} \times a$$

黄金比的作图过程如图4-12所示：

①设已知线段为$AB$，过点$B$作$BD \perp AB$，且$BD = AB/2$；

②连接$AD$；

③以$D$为圆心，$DB$为半径作弧，交$AD$于$E$；

④以$A$为圆心，$AE$为半径作弧，交$AB$于$C$，点$C$即

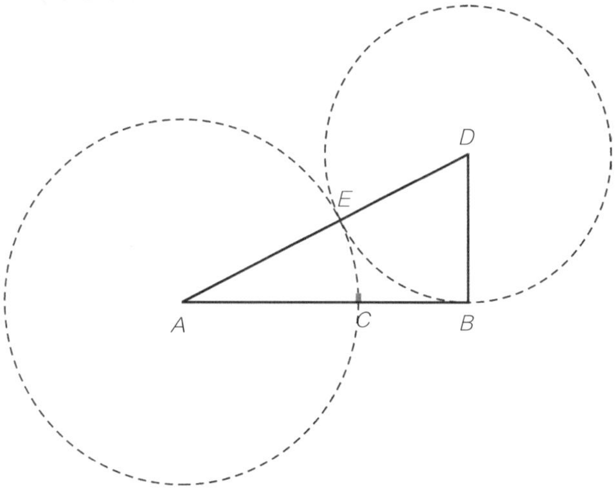

图4-12　黄金比的作图过程

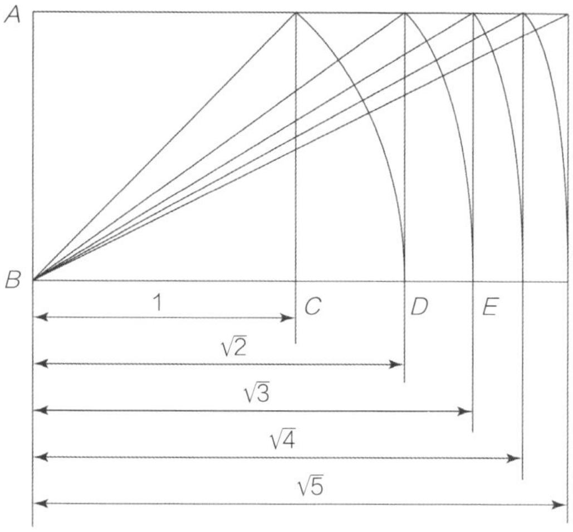

图4-13　平方根矩形的第一种画法

为黄金分割点。

黄金比不仅被广泛运用于绘画、雕塑、音乐、建筑等艺术领域，而且在管理、工程设计等方面都有着不可忽视的作用。

（2）平方根矩形：在造型设计中所使用的√2，√3，√4，√5等矩形，其短边与长边之比分别为1：√2，1：√3，1：√4，1：√5，平方根矩形的画法有下列三种：

第一种如图4-13所示，先画出边长为1个单位长的正方形，然后以此正方形的对角线之长为半径，*B*为圆心，作弧交*BC*延长线于*D*点，以*AB*为短边、*BD*为长边的矩形即为√2矩形。以√2矩形对角线之长为半径，*B*为圆心，作弧交*BD*延长线于*E*点，以*AB*为短边、*BE*为长边的矩形即为√3矩形。依此作法，可作√4，√5矩形。

第二种如图4-14所示，先画正方形，以某一顶点为圆心，以边长为半径，在正方形内画弧与对角线相交于一点，再通过此点画与底边相平行的线，则得√2矩形。以同法依次画下去就能得到√3，√4，√5矩形。

第三种如图4-15所示，先画正方形，以其对角线作为长边，正方形边长作为短边，可构成√2矩形。以√2矩形的对角线作为长边，正方形边长作为短边，可构成√3矩形。以同样方法反复画下去，可画出一系列根号矩形。上述提到的√4矩形，即为两个正方形组成的矩形。

2. 数学法则

17世纪以后，数学有了很大发展，复杂的几何现象可归纳为简单的有理数和无理数的比率，就出现了以形体比率的绝对数值作为研究比例形式的数学法则。

在产品造型设计中，比例的数值关系须严谨、简单，相互间要成倍数或分数的分割，才能创造出良好的比例形式。常用的比例有等差数列比、费班纳赛数列比、等比数列比、调和数列比、贝尔数列比等（图4-16）。

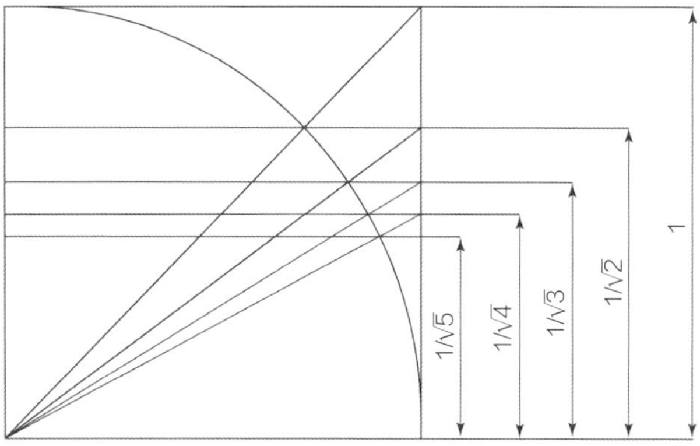

图4-14　平方根矩形的第二种画法

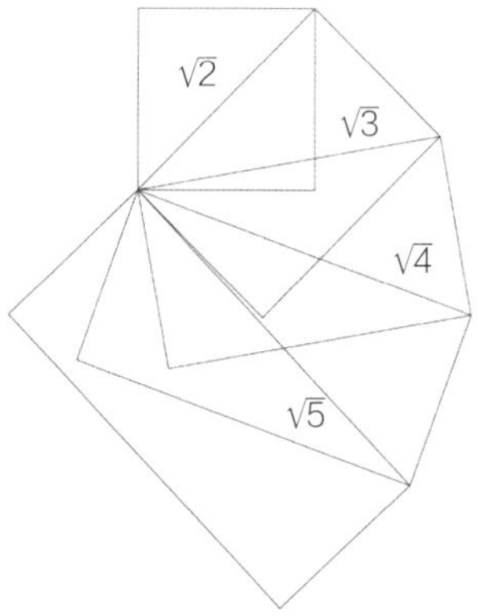

图4-15　平方根矩形的第三种画法

（1）等差数列比，设$A$为单位长度，将其1倍、2倍、3倍……增下去，可得到一个等差数列。即$A$，$2A$，$3A$，$4A$…所示的数列，其各项之间的差是相等的，这是最简单的造型规律。

（2）费班纳赛数列比，这种数列比是前两项数的和等于第三项，如1，1，2，3，5，8，13，21…它与黄金分割比相近似，如2∶3＝1∶1.5，3∶5＝1∶1.67，因此，运用费班纳赛数列比造型与运用黄金比造型效果有近似之处。

（3）等比数列比，起首一项为1，以$r$为公比依次乘下去，可得到等比数列：1，$r$，$r^1$，$r^2$，$r^3$，$r^n$…

（4）调和数列比，设$A$为单位长，将其1/1，1/2，1/3，1/4…这样分割下去，即可得到调和数列：$A/1$，$A/2$，$A/3$，$A/4$…

（5）贝尔数列比，这种数列比为1，2，5，12，29，70，它的每一项均为前一项的2倍与再前项相加（如29=2×12+5）。

3. 模数法则

模数是一种度量单位，美的造型从整体到部分，从部分到细部都由一种或若干种模数推衍而成。如图4-17所示是高宽比相同的一系列矩形，它们具有共同的对角线和相同的比率，因此产生了统一、和谐的美感。例如，利用对角线确定窗子的横档和直楞的划分，可产生一种和谐的美感；又如图4-18所示，建筑窗口的高宽比和所在墙面的高宽比一致，那么窗口和墙面之间也会产生上述美感。

如图4-19所示，若干个毗连或相互包含的几何形，如果其对角线平行，则形体就具有相等的比率。如图4-20所示，矩形的对角线垂直相交，那么这两个矩形也具有相同的形体比率，同样能产生和谐的美感。如图4-21所示，如果这些矩形的对角线，既不平行又非垂直相交，那么这些形体就因缺乏比率关系而显得杂乱。

产品的形体比例关系一般与自身的结构相符合，应根据力学原理及材料、生产技术来决定，同时还要考虑形式美问题，需将产品的结构、功能与造型结合起来。

## 二、尺度

尺度是指与人相关的尺寸，以及这种尺寸与人相比较所得到的印象。造型设计中的尺度，主要指产品与人在尺寸上的协调关系。产品是供人使用的，尺寸大小要适合

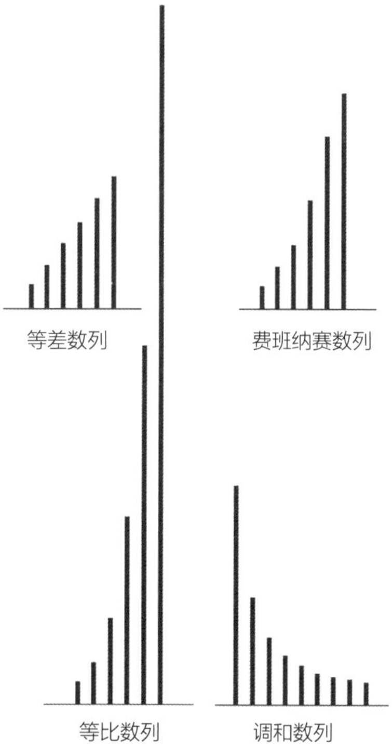

图4-16 常用的比例

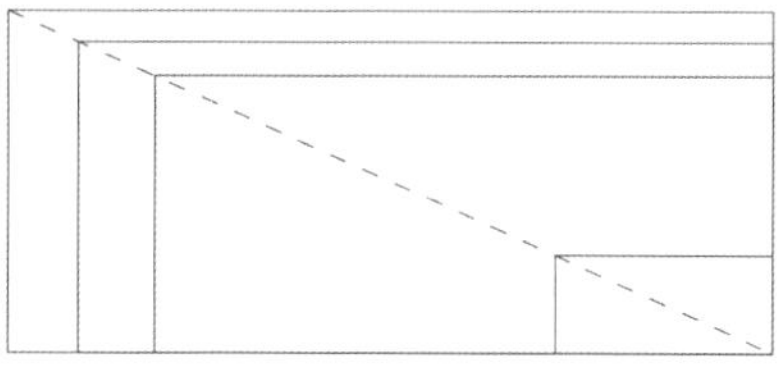
图4-17 高宽比相同的矩形

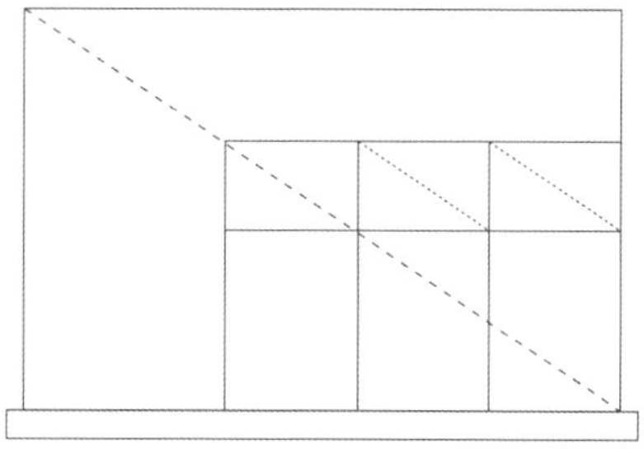
图4-18 窗口和墙面高宽比一致

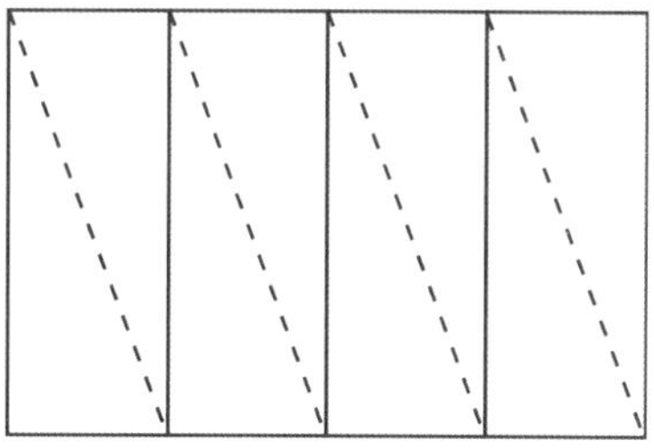
图4-19 对角线平行

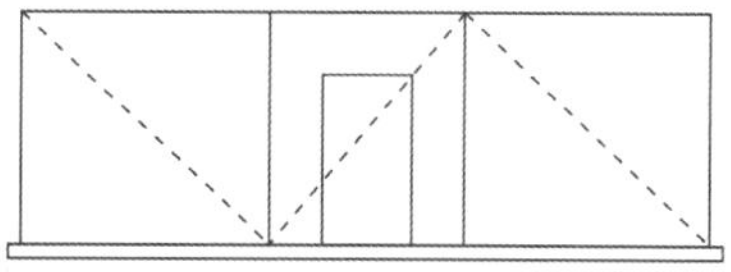
图4-20 对角线垂直

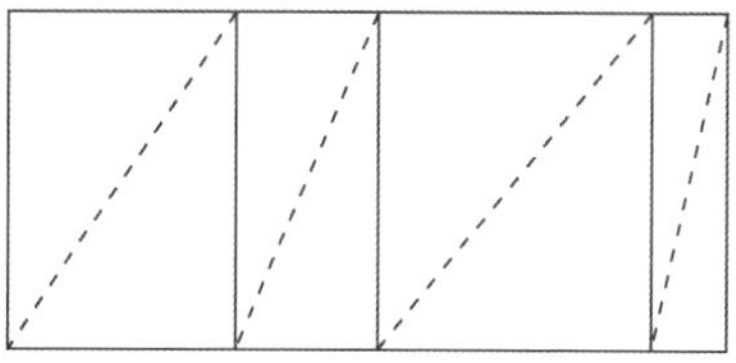
图4-21 比例关系混乱的矩形

人的操作。例如，手表的外形尺寸要与人的手腕粗细有适当的比较关系。男士的手腕较粗，男式手表体积可以略大些，而女士的手腕较细，女式手表体积要小些，造型也要灵巧些。否则就会因尺度失调而影响手表造型的美感，尺度与产品的功能是分不开的。

## 第四节　对称与均衡

对称与均衡反映事物的两种状态，即静止与运动，事物是运动发展的，但受重力作用又表现为相对静止。对称具有稳定感，均衡则具有运动感。

### 一、对称

对称是生物体自身结构的一种合乎规律的存在方式。人与动物的正面造型、植物的叶脉、鸟类和昆虫的羽翼、树木与水里的倒影等，都表现为对称或近似对称的形式。很多建筑，如北京的故宫、皖南的民居、杭州的六和塔，传统的家具及室内的陈设都表现出明显的对称关系。

如图4-22所示，对称是求得稳定美感的重要形式，主要对称类型有以下几种：

（1）轴对称：事物形体的左右、上下各方完全一致，在轴线处折叠后完全重合。

（2）旋转对称：将轴对称的造型绕对称轴线上的某点旋转所得到的形。

（3）螺旋对称：将非对称的形绕某中心点旋转所得到的一种对称形。

造型对称的产品在实际生活中运用广泛，小到纽扣、剪刀、手表，大到汽车、飞机、机床等。对称形具有一种定性的统一形式美，能带来庄严和稳重的美感，如果处理不当也会使人产生呆板和单调之感，在形态布局上有时要与均衡结合起来。

如图4-23所示，该空气净化器（AirProce SmartVent）的壳体轴对称造型和金属拉丝操作面板显现出了设计的高级感。

如图4-24所示，该立体声音箱（nuPower a）专为音乐发烧友设计，具有优美对称的造型和优质铝材料外壳，表面为亚光黑色涂层，操作界面简约。

如图4-25所示，该风扇（Fresh Intellivent）专为浴室设计，具有气味、湿度和光传感器。电源按钮与前面板无缝集成，造型圆润、简约，风扇叶片采用旋转对称造型。

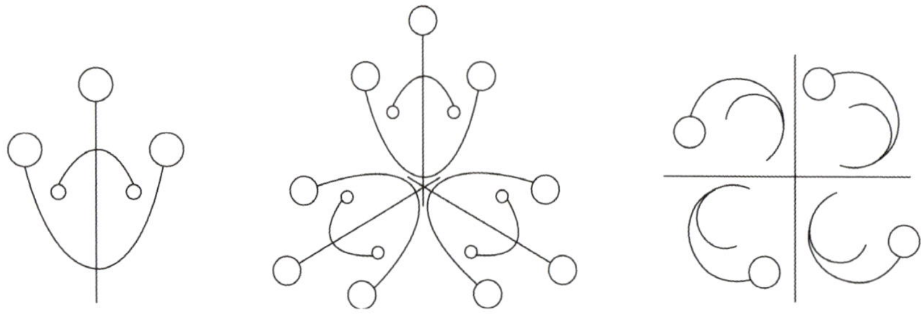

（a）轴对称　（b）旋转对称　（c）螺旋对称

图4-22　对称的类型

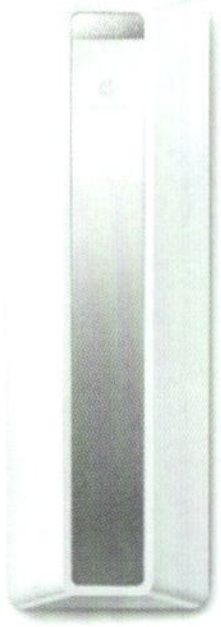

图4-23　空气净化器（AirProce SmartVent）

图4-24　立体声音箱（nuPower a）

图4-25　风扇（Fresh Intellivent）

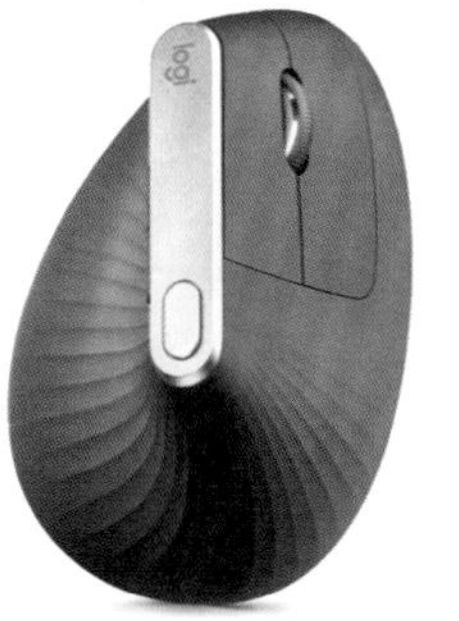

图4-26　罗技鼠标（MX Vertical）

如图4-26所示，罗技鼠标（MX Vertical）独特的57度垂直握持角度，可减轻腕部和前臂肌肉压力，大拇指也可以舒适地放在指托上。从俯视角度看鼠标指托造型是螺旋对称的。

## 二、均衡

如果说对称是造型各方同形同质的体现，那么均衡就是异形同质的体现。均衡所表现出的形式美比对称更丰富。

均衡是指造型在上下、左右、前后的布局上出现的等量不等形的状态，即事物双方虽然外形的大小不同，但在分量或运动的力上却是对应的。对称与均衡是事物的两种状态，对称是规则的，是均衡的完美形式。生活中的事物更多以均衡形式存在。均衡是对称的发展，受人的心理作用影响。色彩、质感、图案等形式语言的视觉效应可改变事物的均衡关系，这种关系的改变主要是视觉对心理的影响所造成的，对称的物体可通过改变色彩图案等形式因素来求得均衡感。一般而言，形体规则的造型比形体复杂的造型更具均衡感，色彩关系明确的造型比色彩关系混乱的造型更具有均衡感，装饰图案简洁的造型比装饰图案复杂的造型更具有均衡感（图4-27）。

利用均衡法造型，在视觉上会给人一种内在、秩序的动态美，比对称更富有趣味和变化。但是，均衡的重心不够稳定和准确，视觉上的庄严感和稳定程度远不如对称造型，因而不宜用于庄重、稳定和严肃的造型事物。正因为这样，对称与均衡这一形式美法则，在实际设计中往往同时使用。总之，对于对称与均衡这一形式美法则的运用，要特别注意综合全局，灵活把握。

如图4-28所示，八位堂蓝牙手柄（M30）专为动作和格斗游戏量身打造，整体造型对称，按键布局均衡，表面采用亚光磨砂纹理，具有圆润的导角，玩家用户长时间使用手柄，也不会因为手心出汗而造成湿滑。

如图4-29所示，冰箱（Grundig）四个门的立面分割呈现出均衡的比例，宽敞的内部容积有626升，NeoFrost™冷却技术提供三个独立制冷系统，以确保最佳的内环境，分区可单独使用。

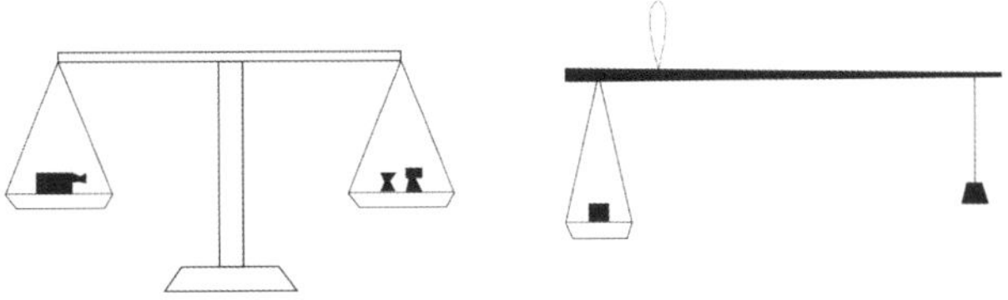

（a）等量均衡　（b）异量均匀

图4-27　均衡

图4-28　八位堂蓝牙手柄（M30）

图4-29　冰箱（Grundig）

# 第五节　稳定与轻巧

稳定与轻巧是在研究物体重力的基础上发展的形式美学。自然界中的静止物体在地球引力的作用下，若要保持稳定状态，靠地面部分往往大而重，上部则相对小而轻，这说明稳定是指造型物之间的一种轻重关系，这种关系就是力学平衡。反之，如果物体上部大而重，靠地面部分小而轻，则会呈现出轻巧的视觉效果。稳定体现出静止和平稳，轻巧则显示出运动和轻盈。

## 一、稳定

稳定包含两个因素：一是物理上的稳定，指实际物体的重心符合稳定条件所达到的安定，是所有产品应具备的基本条件，物理上的稳定使产品具有安全可靠感，属于工程范畴；二是视觉上的稳定，即视觉感受产生的效应，主要通过形式语言来体现，如点、线、面、体的组织，色彩和图案的搭配，不同材料的运用等，属于美学范畴。

## 二、轻巧

轻巧是指在稳定的基础上赋予造型活泼运动的形式感，与稳定形成对比。轻巧在基本满足实际稳定的前提下，可以用艺术创造的手法，使造型物给人灵巧、轻盈的美感。

## 三、稳定与轻巧的关系

稳定与轻巧是相对的形式美法则，仅有稳定没有轻巧的造型过于平稳冷静，仅有轻巧没有稳定的造型略显轻浮，无分量感与安全感。稳定与轻巧要灵活运用，不同类型的产品，其侧重有所不同。有些产品既要有物理上的稳定又要有视觉上的稳定，如大型机床。有些产品要求物理上稳定而视觉上轻巧，如家用电器和一些经常移动的产品。影响稳定与轻巧的因素很多，主要包括以下几个方面。

1．物体重心

物体重心一般与产品的高度有关，高度较高的物体其重心较高，往往给人以轻巧感，如落地电扇、摩托车等；高度较低的物体其重心也较低，往往给人以稳定感，如沙发、床等。除物理重心外，还存在心理重心，即视觉重心，其是由造型物体外部体量关系引起的。

2．底面接触面积

产品的底面接触面积较大，整体造型具有稳定感；底面接触面积较小的形体则具有轻巧感。底部接触面积的大小与产品尺度有较大的关系，一般尺度较高且重心偏上的产品，其底面接触面积不宜过小，尺度和重心较低的产品，其底面接触面积则不宜过大，否则会显得笨拙。

3．体量关系

尺寸由上而下逐渐增加且重心偏下的产品具有较强的稳定感，体量小且开放的产品具有一定的轻巧感。

4．结构形式

对称的结构具有很好的稳定感，均衡的结构则具有一定的轻巧感。

5．色彩分布

明度、纯度较高的色彩具有轻巧感，明度、纯度较低的色彩则具有稳定感，根据色彩位置分布的不同也会使人产生不同的视觉感受。

6．材料质地

材料质地往往对人的心理感受产生很大影响。不同的材质会产生不同的视觉重量感，如粗糙、无光泽、色彩暗淡的材料显得沉重，反光强烈、细腻的材料则显得轻巧。另外，受思维定式影响，不同密度的材料轻重感不一样，金属材料一般要比非金属材料有重量感，使用密度较大的材料时要注意把握轻巧感，在运用较小密度的材料时要注意稳定感。

如图4-30所示，灯的造型具有稳定的建筑美感，方正的矩形玻璃板运用黑色漆面铝材镶边形成一个立方体，采用了间接照明的LED光源。

如图4-31所示，加热器的主要部件由可回收的环保材料制成，饼形基座给圆柱形主体以稳定支撑，整体造型简约大方，与环境完美融合。

如图4-32所示，氦质谱检漏仪（HLT560），将气体喷到接有气体分析仪的被检容器上，如容器有漏孔，分析仪即有所反应，从而可知漏孔所在及漏气量大小，其方正的整体造型体现了工业仪器的稳定与精度。

如图4-33所示，扫描仪（WoodEye）主要用来检测木材中的各种缺陷，以便计算并优化木材的切割与分级，最大限度提高成品率和产品质量，方形与圆形的过渡衔接塑造了产品稳定的体量感。

如图4-34所示，贝森朵夫钢琴的琴盖运用了轻质蜂窝状的高科技材料，能和谐融入钢琴的外部轮廓。琴身表面呈现金属的黑色钻石质感，四个银色支撑腿调和了沉重的黑色，使钢琴看起来既稳定又轻巧。

如图4-35所示，苹果电脑（Power Mac G5）经典的铝制外壳有轻且散热性好的特点，金属味十足的时尚风格，既有刚强之美也有轻盈之感。

如图4-36所示，LG音响系统（AJ7）的设计理念是“诚和简”，表现在直线和素色元素的运用上，高档的胡桃木支脚增加了产品的轻盈感，让人联想到家居环境中的小橱柜或边桌。

图4-30　灯

图4-31　加热器

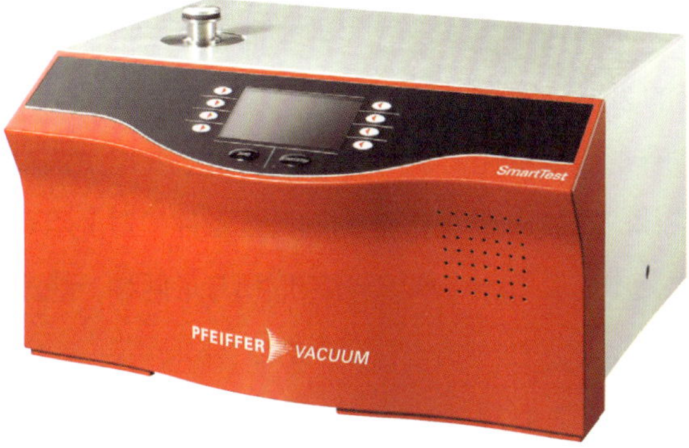


图4-32　氦质谱检漏仪（HLT560）

图4-33　扫描仪（WoodEye）

图4-34　钢琴（贝森朵夫）

图4-35　苹果电脑（Power Mac G5）

图4-36　LG音响系统（AJ7）

# 第六节 节奏与韵律

节奏与韵律是从音乐中衍生而来的，节奏是指按照一定的条理、秩序，重复、连续排列成一种律动形式。韵律是指节奏利用时间的间隔使声音的强弱或高低呈现规律的反复。音乐的音色、节拍的长短、节奏的快慢按一定的规律出现，也能产生不同的节奏。在诗歌方面，由于押韵或语言声音的内在音韵，表现出韵律感。

## 一、节奏

节奏即事物内部各要素有规律、有秩序的重复排列，形成整齐一律的美感形式，节奏体现事物普遍的发展状态，事物的发展虽错综复杂，但仍能找到一定的规律，在错综复杂中有反复即形成节奏。在自然界和人类社会都存在节奏的形式，如昼夜交替、四季轮回、人类起居、呼吸、新陈代谢、脉搏跳动。

在艺术领域里同样存在着节奏的表现，如音乐节拍的强弱，音量的轻重缓和，舞蹈动作的重复变化，绘画中点、线、面的重复运用，诗歌韵律的反复出现，电影情节的起伏变化等。节奏可以加强艺术作品统一、秩序、重复的美感。

## 二、韵律

节奏有强弱起伏、悠扬缓急的变化，表现出更加活跃和丰富的形式感，这就形成了韵律。韵律是节奏的更高形式，节奏表现为工整、宁静之美；韵律则表现为变化、轻巧之美，韵律是节奏的深化。

如图4-37所示，韵律的基本形式有以下几种：

（1）连续韵律：产品造型的各个要素，如体量、色彩、图案、肌理等做有条理、有规律的重复排列，形成统一连贯的美感即为连续韵律。

（2）渐变韵律：造型要素按一定规律变化，如点由大到小、线由密到疏、色由浓到淡，或各个要素时而增强，时而减弱所形成的有节奏的变化规律。

（3）起伏韵律：各个要素以高低、长短、大小、方圆、粗细、虚实、曲直、软硬的起伏变化而形成的一种节奏韵律。

（4）交错韵律：指连续重复的要素按一定规律互相交织穿插而形成的韵律形式。

如图4-38所示，户外LED灯（Mega）能提供均匀的照明，由于使用了抗腐蚀材料，灯具能够应对户外恶劣的气候条件，对使用寿命有所保障。高度各异的灯体有圆形和方形两种，能在户外环境中组合出极具韵律感的队列。

如图4-39所示，该灶具（Slim Glass Flat 4GG 100）采用极简主义设计语言，四个燃烧器大小不一，水平排列在白色钢化玻璃表面，显得坚固而优雅。

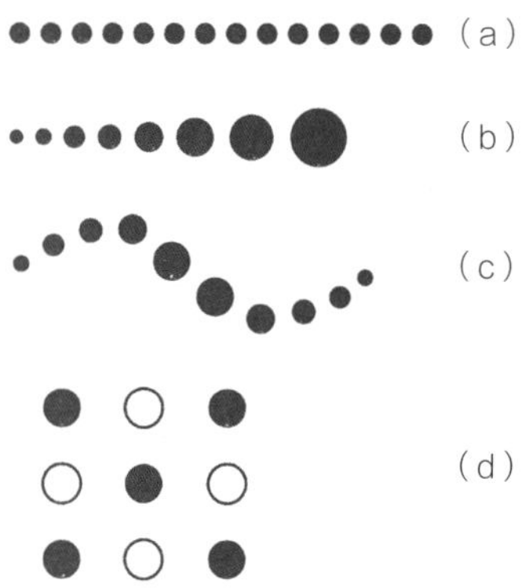


（a）连续韵律 （b）渐变韵律
（c）起伏韵律 （d）交错韵律

图4-37 韵律的基本形式

图4-38 户外LED灯（Mega）

图4-39 灶具（Slim Glass Flat 4GG 100）

# 第七节　过渡与呼应

在产品造型设计中往往会出现因结构与功能的关系，使产品造型要素之间的差异过大，出现对比强烈、杂乱无章的外形；不同结构的形体反差较大，使造型缺乏统一的形式美感；点、线、面的关系混乱，色彩的基调不明确。为了解决这些问题，就需要采用过渡与呼应的手法来进行处理，以获得统一的形象。

## 一、过渡

过渡是指造型中两个不同形态或不同色彩的组合之间采用另一种形态或色彩，使其关系趋之和谐，以削弱过分的对比。过渡可理解为由此及彼的中间过程，属于不确定的阶段。过渡的形式很多，如图4-40所示，方形逐渐变为圆形，其中间的阶段即为一种过渡现象。就产品造型来说，过渡主要是通过形式语言的变化来获得的，如点、线、面、体的过渡承接，形成一定的变化节奏。过渡的程度不同会产生不同的效果，如过渡幅度过大，则会产生模糊、柔和、不确定的特征；如过渡幅度不足，则会出现生硬、肯定、清晰的特征。造型之间若无中间阶段的过渡，一般会造成强烈对比。

过渡的基本形式有以下几种：

（1）渐变过渡：这是将差异较大的结构进行逐步变化而获得的一种过渡效果，如形体由大变小、色彩由明变暗。

（2）延异过渡：这是指利用形的相识性或不相识性，使两种相差较大的形态通过过渡达到形态的调和。

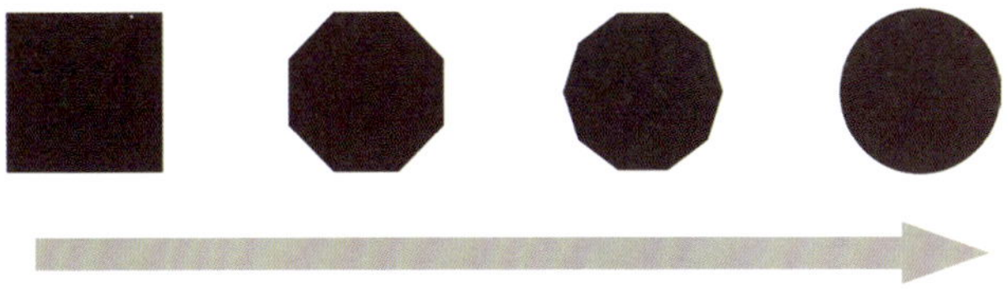

图4-40　方形到圆形的渐变

（3）起伏过渡：这是将一定差异的形态按一定强弱关系进行过渡，产生虚实相间的效果。

## 二、呼应

过渡表现为运动的过程，而呼应则表现为运动的结果。其是通过造型要素中形、色、质的过渡，取得首尾呼应的一种关系。过渡是呼应的前提，呼应是过渡的结果。仅有过渡没有呼应使形体不完整，而没有过渡则呼应缺乏根据。

如图4-41所示的森海塞尔耳机（HD595）采用了动圈开放式设计，耳罩外侧是雨点式金属网罩，透过网罩能看到产品的白色标志，头带与耳罩连接处以圆弧形过渡，标出“L”和“R”，以防止戴反。耳罩金属部分色泽较暗，耳罩内部和过梁为黑色，显得沉稳而内敛。

如图4-42所示的索尼显示器，方形屏幕区与圆形底座之间采用了一个圆弧形支架作为过渡连接，且屏幕背部的圆弧形态与支架形态呼应，产品整体造型完美诠释了过渡与呼应的美学法则。

图4-41　森海塞尔耳机（HD595）

图4-42　索尼显示器

# 第八节　实战训练——瓦楞纸坐具设计

瓦楞纸坐具的特点有以下几个方面：

（1）灵活的坐具外形：瓦楞纸板具有易裁切和易加工的特点，用此材料制作的坐具外形轮廓具有极强的灵活性。

（2）多样的衔接方式：瓦楞纸坐具多采用穿插连接方式，与用黏结剂粘合的方式相比，多了重组的可能性。插接又有单层板材的垂直面互相交叉构成单元件、多个板材错落或相连镶入大的板材主件等方式。

（3）美观的表面装饰：瓦楞纸板表面的平整性使得其外表面装饰设计更容易操作。

## 一、设计要求

（1）请对生活中的废弃纸箱进行回收和筛选，以厚度为4~5mm的瓦楞纸板为原材料，经裁、折、插等手法设计制作坐具。

（2）坐具可以让人实现坐、蹬、靠、倚、躺等行为，考虑使用时的受力情况。

（3）坐具只采用插接或沟槽的连接方式，不借助任何黏结剂或其他固定材料。

（4）运用相关美学法则设计坐具造型。

（5）根据坐具造型选择适合的主题完成装饰设计。

## 二、预期目标

（1）培养学生灵活运用产品造型设计相关美学法则的能力。

（2）培养学生运用特定的材料及加工工艺进行产品造型设计的能力，使学生初步理解材料及其加工工艺对于产品造型的影响和作用。

（3）培养学生对于不同设计流程及其方法的运用能力。重点训练学生掌握逆向设计的核心思路和基本方法，能体会该方法在设计中的优势和不足。

（4）训练学生进行真实产品设计的能力，要求学生将造型方案纳入用户的使用场景去设计。

## 三、设计与制作流程

（1）明确设计任务与目标。

（2）用卡纸按等比例缩小尺寸制作3个坐具造型方案小样。

（3）挑选出1个小样进行测绘，用软件绘制平面下料图，放大到1：1的尺寸比例，打印下料图后裁剪坐具的各部件。

（4）在瓦楞纸板上根据裁剪好的图纸部件绘制造型轮廓线。

（5）下料。

（6）组装瓦楞纸坐具。

（7）对制作好的瓦楞纸坐具进行受力测试。

## 四、设计展开

（1）用各色卡纸制成3个坐具造型的小样，并对坐具小样进行受力测试，记录各个小样的受力情况。

（2）将小样放在纯净的背景前拍照，注意多角度取景。

（3）将小样拆开，分成片状部件，并以此为依据绘制部件草图。

（4）根据手绘草图用软件绘制平面下料图。

（5）选择最合理、最省料的布局形式，由此筛选出用料最省的一个方案并记录。

（6）从视觉表现力的角度对三个小样再次进行筛选，选出最好看的小样并记录。

（7）从小样的受力承重、用料量以及视觉表现力这三个维度对小样方案进行综合评估和分析，最终挑选出一个方案进行实物制作。

（8）把制作好的瓦楞纸坐具实物放在适合的背景氛围中，设计者本人坐在上面测试承重性能并拍照。

## 五、优秀作品创意说明

如图4-43所示，这个方案的设计是基于结构影响造型的创意思考过程。最初的想法是将瓦楞纸折成一个中空的方体，考虑到承重问题，必须在方体内部填充网状瓦楞纸支撑结构，这样在坐具的外表面就产生了条状的凹凸形态，非常像钢琴的琴键，于是在后期的视觉设计处理中，选用了黑白配色进一步完善整体造型。

如图4-44所示，这个方案的核心思路是先设计坐具的单元形，再推敲不同的拼接方式可能产生的不同造型。设计的单元形是三棱柱，通过受力承重测试后确定单元形之间的合理排布，选用插接卡槽连接方式完成整体造型的固定。

如图4-45所示，这套坐具包括一个靠背椅和一个垫脚凳，当用户靠在椅子上小憩时，腿部也有一个舒适的支撑。在椅子的靠背、座面和垫脚凳表面，有一道裂缝和两朵花，椅子侧面的图案仿佛是蓝色渐变的天空裂开了口子，由此寓意绝境逢生，表达无论多么困难和绝望，只要坚持努力，不放弃，就能获得新生。

如图4-46所示，方案的整体造型中规中矩，重点在于对坐具各部分尺寸和比例的严格推敲，椅背高和椅子总高之比为黄金分割比。在视觉设计中，以黑色剪影方式呈现著名歌星迈克·杰克逊的经典舞姿，可谓是点睛之笔。后期拍照时，设计者本人摆出歌星的经典舞姿，更好地烘托了设计主题，富有感染力。

如图4-47所示，设计者具有多年的舞蹈功底，翩翩起舞时的舞姿像蝴蝶一样，将自己习舞时的心境融入了创意中，其采用仿生设计手法展现坐具造型，支撑部分采用瓦楞纸片插接的方式，稳定性较好。

如图4-48所示，传统木质的灌溉水利车是造型创意的出发点，坐具较宽大的椅面是根据设计者本人的身材设计的，坐具的靠背是三个锐利的尖角，暗示这不是一款供休息的椅子，只有保持正襟危坐的状态才不会触碰到尖角，这是一款督促使用者认真学习的坐具，有“头悬梁，锥刺股”的意蕴。

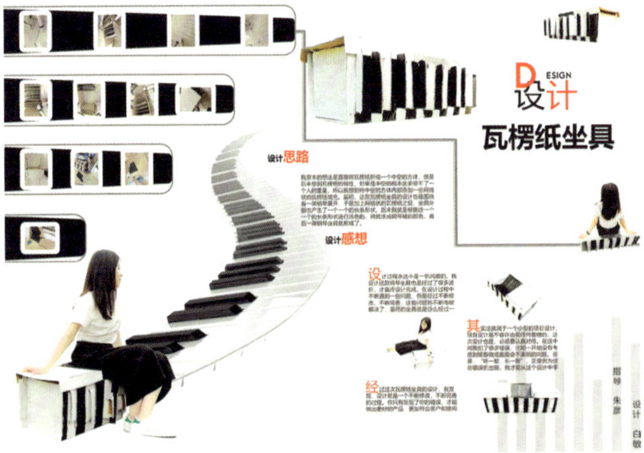


图4-43　白敏作品

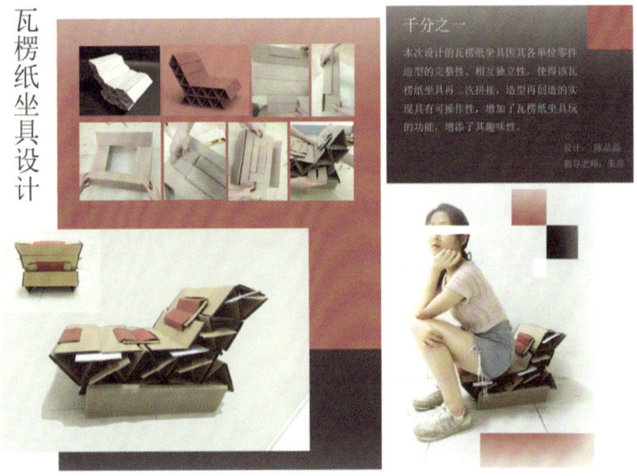


图4-44　陈晶晶作品

图4-45　代梦凯作品

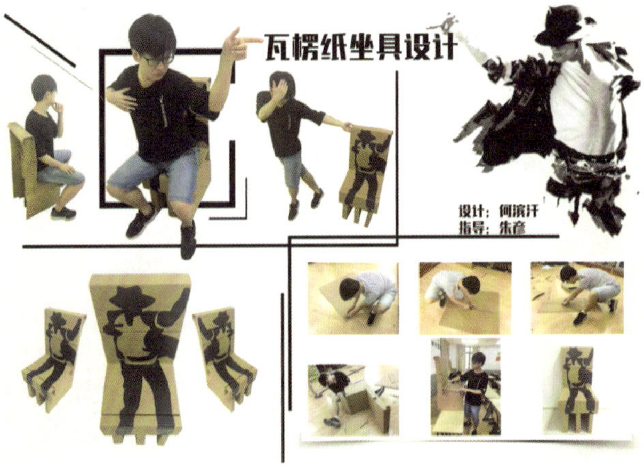


图4-46　何滨汗作品

如图4-49所示，这款坐具的整体造型受匡威高帮板鞋的启发，为了达到承重要求，坐具的支撑部分合理设计了加强结构。最终的成品照片拍摄采用了独特的表达方式，由设计者本人站到椅面上，既烘托了创意主题，又传达了坐具承重性能良好的信息。

如图4-50所示，方案的创意来源于家乡的水车，设计者小时候曾坐在水车上面，感觉瞬间离天空很近，能呼吸到自由的味道。在制作过程中，设计者将这个意境融入坐具的造型中，为了兼顾稳定性，最终采用扇形作为截面形态。坐具有两种使用状态，可以横着坐，也可以竖起作为高脚凳使用。两侧的扇形表面用日本动画片卡通角色一喜一悲的表情图案来装饰，更具趣味性。

图4-47　李红阳作品

图4-48　李一凡作品

图4-49　林煊力作品

图4-50　刘顺尧作品

如图4-51所示，这个方案的结构不复杂，全部采用瓦楞纸片材平行穿插的形式。重点是片材单元形的造型设计，经过多次比较推敲和小样制作后，确定了最终方案。坐具椅背、座面、底部支撑如行云流水般一气呵成，整体造型轻巧优雅。坐具不同立面分别呈现出大象、兔子和老鼠的形象，妙趣横生。

如图4-52所示，坐具的立面有一个贯穿斜面，使得整体造型更加有层次。主体色用黑白配色来体现钢琴主题，坐具的上表面绘制了背靠背的小女孩和小男孩在弹钢琴。

如图4-53所示，建筑的美学形式也会激发产品造型设计的灵感，徽派建筑以其独特的风格在中国建筑史上独树一帜。这次的坐具设计中，设计者经过不断尝试，在保证坐具基本功能的前提下，尝试着将徽派建筑的造型语言融入方案中。

如图4-54所示是一款亲子互动的坐具，成人可以坐在椅子上休息，儿童可以依偎在成人身边，趴在草地上探身到坐具镂空的空间中玩耍，透过小松鼠形态的虚空间观察世界，儿童能获得不一样的趣味体验。

## 六、设计心得汇总

（1）沈弈：瓦楞纸坐具的设计课题，让我学会了如何把以前的专业知识运用到实际的设计实践中，如坐具中间的镂空渐变形态就使用了设计构成的技法。我懂得了学过的专业课程内容原来都是需要融会贯通和灵活运用的；另外，我也知道了如何才能更好地呈现出实物的视觉效果，锻炼了我的产品实物制作能力。

（2）孟维维：此次瓦楞纸板坐具的设计制作实践，让我对逆向设计过程有了更深刻的理解。我虽然有设计热情，但空间想象能力较弱，逆向设计方法给了我很大

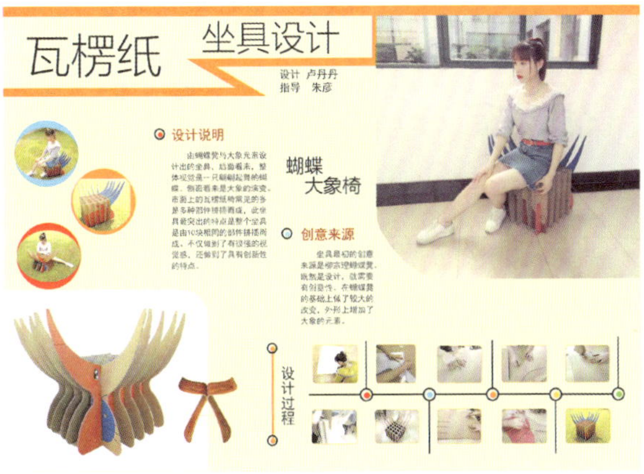


图4-51　卢丹丹作品

图4-52　孟维维作品

图4-53　邵闯作品

图4-54　沈弈作品

帮助。我可以根据自己的初步想法制作小样，从各个角度观察小样后调整相关形态细节，进行数据分析后制作1：1的三维仿真模型，最后到实物制作，这样的流程对于我就容易很多。

（3）白敏：因为我之前在家会用瓦楞纸DIY一些小物件，所以开始觉得挺容易的，但是随着设计和制作的深入，我发现并没有想象的那么简单。我平时做的大多是一些装饰类的摆件或玩具，尺寸可大可小，没有严格要求。而坐具设计不一样，要考虑的因素很多，比如坐具造型、承重性能、人机尺寸等，比之前的制作要复杂得多。完成后再回顾整个过程，我发现产品造型设计原来是一个不断修改、不断完善的过程。只有及时发现错误并修正，才能设计出更符合使用者需求的产品。

（4）陈晶晶：本次设计中运用了逆向工程设计方法，相较于传统从草图到数模绘制再到实物制作的设计流程，它的优点在于：小样有助于反复揣摩和尝试坐具造型的可实现性，避免直接用瓦楞纸板制作时可能造成的材料浪费。

（5）李红阳：构思方案时，我通过头脑风暴来拓展思维，在实际制作过程中，我不断提问："我要用什么方法来做？这个方法是不是最优的解决路径？实物模型是不是有良好的稳定性等。"设计的过程就是不断解决问题的过程。同时，我深刻认识到团队合作的重要性。做完这个课题后，我的创意思维能力和动手能力都有了很大提高。

## 七、优秀作品

如图4-55所示，通过不同三角形在空间中的交错穿插关系表达了对精确几何关系的思考。

如图4-56所示，受到国家级非物质文化遗产——蓝印花布的启发，将云纹设计在蓝底的坐具表面。

如图4-57所示，坐具整体造型源于孔雀开屏的意境，靠背每个部件之间的高度差遵循一定的设计比例递减。

如图4-58～图4-60所示，该作品相似的穿插结构

图4-55　蒋含蕾作品

图4-56　石硕作品

图4-57　吴蕊芳作品

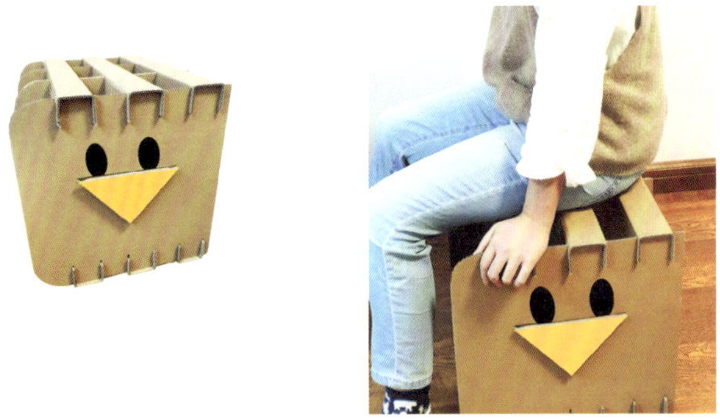

图4-58　徐佳颖作品

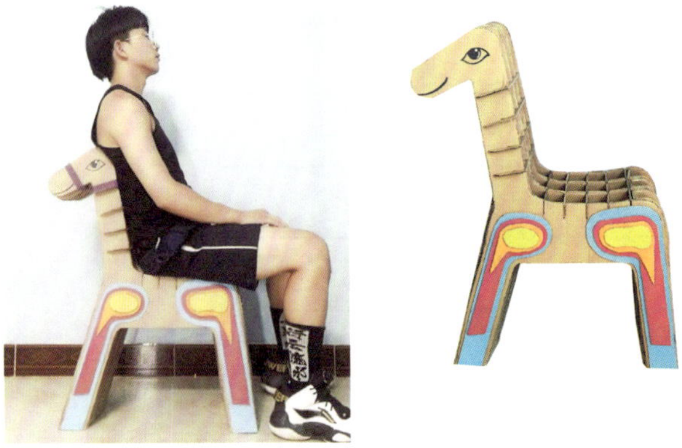

图4-59　杨建成作品

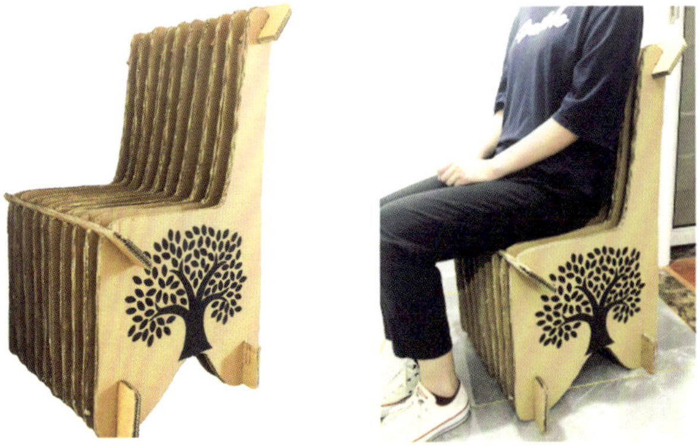

图4-60　朱彦雯作品

保证了坐具较高的强度，分别将小鸟、玩具摇摇马和大树的形态融入坐具造型中。

## 八、设计回想

最后的设计方案呈现并不都是完美的。“能坐，并让自己满意”是作品合格的基准，如果在概念和设计上有所创新，并且功能和材料应用独具特色，既注重生活美学，更在意用户体验，就能获得更好的评价。在这个实战训练中，“造物”过程的体验与收获，远远超出了坐具所能承载的重量。教师鼓励学生们发挥个性，挖掘潜力，大胆想象。学生们经历了产品学习、功能研究、结构计算、材料应用、文化植入和造型塑造等阶段，坐具便诞生了。

# 第九节　实战训练——高铁文创产品设计

## 一、设计要求

（1）请以长江三角洲区域高铁线路为切入点研究用户需求，分析用户人群和定义产品品类。

（2）梳理典型高铁文化内涵，提炼高铁元素。

（3）选择恰当的元素与产品品类融合，进行高铁文创产品设计。

（4）运用相关美学法则进行产品造型设计。

## 二、预期目标

（1）培养学生灵活运用产品造型设计相关美学法则的能力。

（2）培养学生掌握相关的用户需求分析方法，为定义不同的产品品类提供支撑。

（3）训练学生通过合理有序的整合设计，将高铁元素与产品品类融合，设计高铁文创产品。

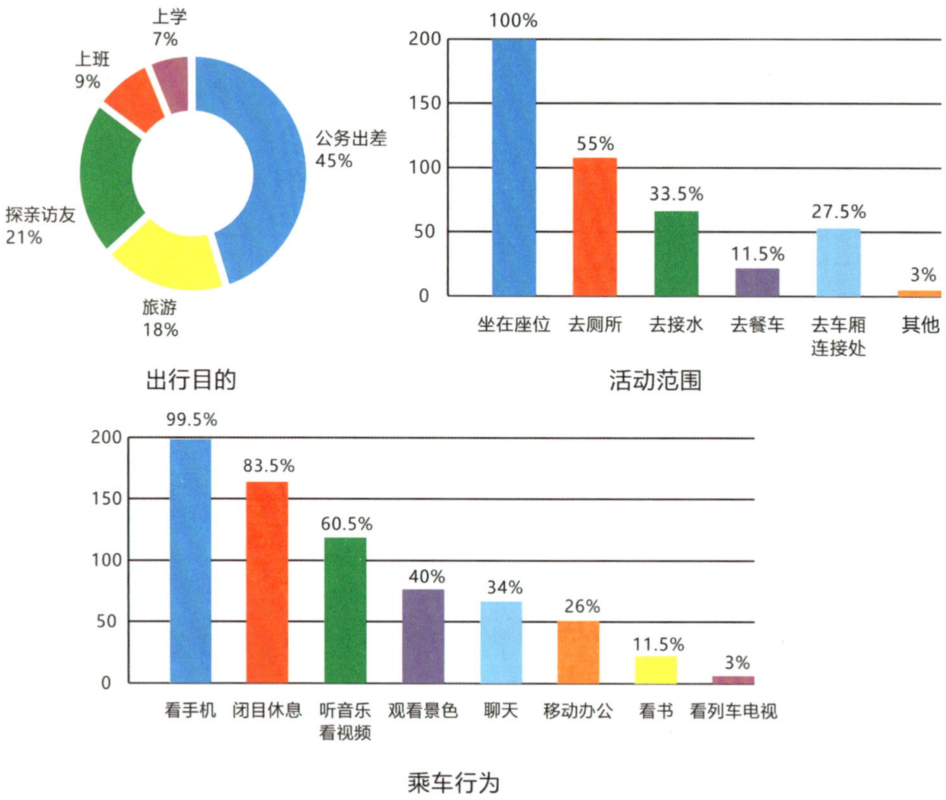


图4-61　问卷调研结果

## 三、设计展开

### 1. 用户研究

据官方数据显示，长三角铁路沿线中乘坐高铁的客流约占总客流的80%，主要是通勤流、探亲流、旅游流和商务流等。学生对部分行驶线路高铁列车上的200位乘客进行了问卷调研，分析乘客的出行目的、在高铁上的行为以及活动范围等，结果见图4-61。出行目的和行为分析数据为定义产品品类奠定了基础，在思考高铁文创产品的细分品类时，需要把握用户人群，应重点针对公务出差、探亲访友和旅游这三类人群的需求设计开发。另一方面，围绕乘客在高铁上的高频次行为架构使用场景，也能推导出不同的产品品类，如给乘客闭目休息时使用的耳塞、眼罩、靠枕，给乘客听音乐、看视频时使用的耳机和手机平板支架以及为爱看窗外风景的乘客打造高铁沿线城市特色产品等。

### 2. 品类定义

基于实地用户研究，归纳出长江三角洲区域高铁文创产品的开发品类，如表4-1所示。

表4-1　品类范围

| 序号 | 品类 | 产品 |
|---|---|---|
| 1 | 文具用品 | 书签、回形针、圆珠笔、便笺、鼠标垫、书立、U盘、高铁人偶换装贴画、笔记本、美工刀、橡皮、直尺、铅笔盒、笔袋、卷尺、文件夹 |
| 2 | 礼品饰品 | 钥匙扣、领带夹、手镯、胸针、耳坠、项链、丝巾 |
| 3 | 旅行用品 | 行李牌、耳塞、耳机、折扇、手机支架、伞、帆布包、茶棒、旅行水壶 |
| 4 | 生活用品 | 坚果夹、指甲刀、文化衫、收纳盒、筷子、可伸缩充电器、时钟、定时器、冰箱贴、手表、手环、压缩水杯、杯垫、手持风扇、马克杯、桌面挂钩、插排 |
| 5 | 益智玩具 | 指尖陀螺、高铁线路滚珠迷宫、拼装铁路工人玩偶、复兴号高铁侠玩偶、八音盒、魔方、车模 |

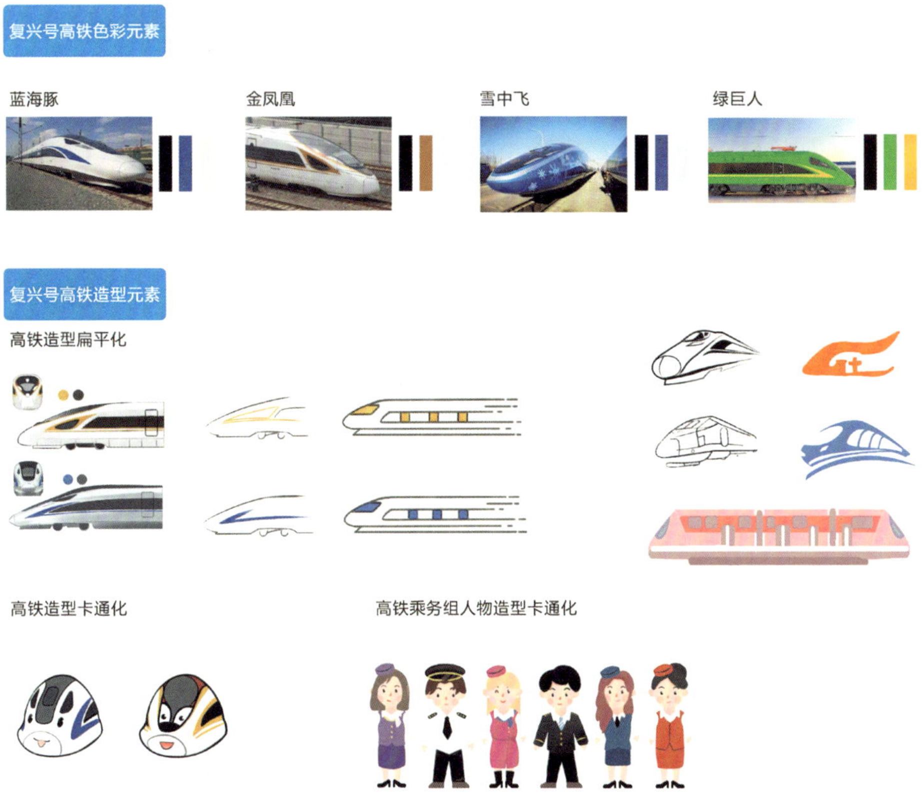


图4-62　高铁元素提炼

3. 高铁元素提炼

如图4-62所示的高铁元素提炼围绕复兴号高铁的色彩、造型以及乘务组人物形象展开，包括高铁不同车型、车身色彩的分析提取，高铁车身造型的扁平化和卡通化设计，乘务组人物形象的卡通化设计等。

## 四、优秀作品创意说明

设计时需要选择恰当的元素与合适的产品品类进行融合，这种融合可以从两个角度展开：一是先明确选用何种元素，再匹配与该元素契合的产品品类和具体产品实体，运用相关美学法则去设计产品造型，得到与某一元素有关的不同产品系列；二是先明确要开发的产品，如书签、手表、圆珠笔、胸针等，再选择合适的元素融入产品造型设计。无论是先确定元素还是先确定产品，二者之间都要产生某种内在关联，即产品在使用功能、情感体验、造型、色彩、材质等方面能与元素保持紧密的内在联系。

1. 高铁元素的具象运用

如图4-63所示是对高铁形象元素的具象运用。时钟的钟面刻度区围绕着一辆疾驰飞奔的高铁，茶棒整体采用了高铁车厢的形态，耳机的耳塞外侧分别是两节高铁车头，当使用者将耳机塞入耳朵聆听音乐时，构建了一幅高铁车疾速穿越的生动场景，折扇闭合状态是高铁车的造型，领带夹巧妙借用了高铁列车的形象。此案例中，先明确选用高铁车厢的具象元素，再匹配与该元素契合度高的产品品类以及具体产品，然后运用美学法则进行产品造型设计，最终得到与高铁具象元素相关的不同产品。

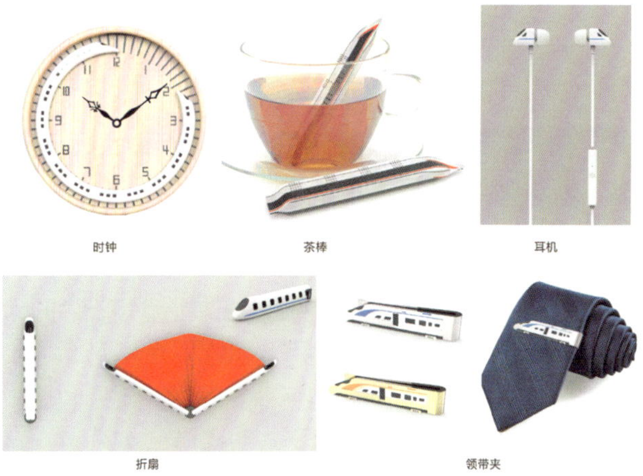


图4-63　高铁元素的具象运用

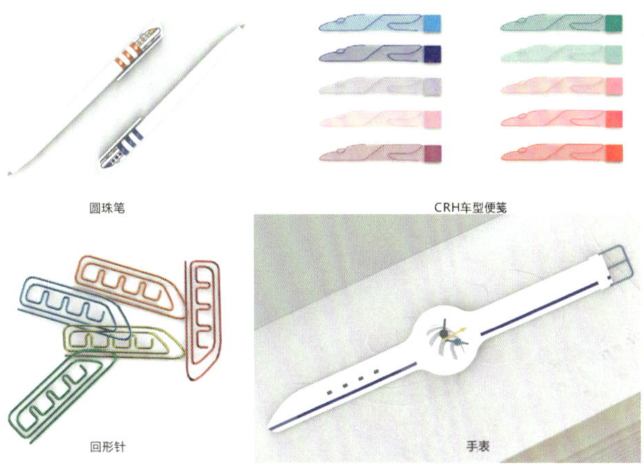


图4-64　高铁元素的抽象运用

图4-65　高铁元素的卡通化运用

### 2. 高铁元素的抽象运用

如图4-64所示是对高铁形象元素运用相关美学法则抽象处理后融入各个品类的文创产品中。如圆珠笔的笔头部分设计了高铁车身扁平化图形，便笺上呈现出CRH三个英文字母组成的车身形态，回形针的弯折路径是高铁车身形态的高度线形概括，手表的表带部分内涵表达了车身侧面形象。此案例中，先明确要开发的产品品类，如圆珠笔、便笺、回形针、手表等，再选择合适的高铁元素，运用美学法则设计产品造型，最终完成不同的高铁形象抽象元素与不同产品载体的组合设计。

### 3. 高铁元素的卡通化运用

如图4-65所示是高铁形象卡通化运用的产品案例。定时器的主体部分将复兴号高铁车头进行卡通立体化的形象重构，气囊手机支架端面运用了蓝海豚和金凤凰高铁车头形象的卡通平面图案，人偶贴纸将高铁乘务员设计成卡通玩偶形象，活泼可爱又有趣味。此案例中，对高铁形象卡通化后的元素分别进行了立体和平面形式的运用，均是为了与具体产品的使用方式、造型特征相吻合，使设计元素与产品之间的内在联系更紧密，融合更自然生动。

## 五、设计回想

教师引导学生通过实地调研，掌握乘客的旅行目的、在乘坐过程中的行为和活动范围等，能明确用户群体需求，使高铁文创产品范围的定义更加丰富和多样化。结合当下流行元素，充分开发不同类型、多种材质的新品，尤其是生活类、科技类产品，可以形成有特色的产品系列。学生通过系统梳理高铁元素，运用产品造型设计相关美学法则进行创新设计提炼，根据不同品类的产品功能定义，赋予恰当的设计元素，开发有吸引力的产品形态，塑造有体验感的产品使用方式。

## 思考题

1. 产品造型设计的美学法则有哪些？请具体说明统一与变化是如何运用在产品造型设计中的。
2. 请以一个电子类产品为例，分析其造型设计中的比例关系。

# 第五章

# 影响产品造型的相关因素

## 学习目的与要求

本章讲述了影响产品造型的相关因素，要求学生理解在产品造型设计过程中，形态与功能、材料、结构、文化等因素之间的关系。通过本章内容的学习，在面对不同类型的产品造型设计时，能灵活处理各相关因素之间的权重关系，为产品的工业设计全流程服务。

## 学习重点

1. 理解形态与功能的关系，并通过实战训练中服务机器人造型的改良与创新设计进一步掌握处理形态与功能关系的相关造型技巧。
2. 理解形态与材料的关系。
3. 理解形态与结构的关系。
4. 理解形态与文化的关系。

## 思政元素融入

通过本章内容的学习，引导学生认同并热爱中华民族的优秀传统文化，树立正确的艺术观和创作观，积极弘扬中华美育精神，全面提高学生的审美和人文素养，增强文化自信。

新农产品盲盒设计实战训练的课题设置，积极响应了2021年4月19日习近平总书记在清华大学考察时的重要讲话精神，发挥美术在服务经济社会发展中的重要作用，把更多美术元素、艺术元素应用到城乡规划建设中，增强城乡审美韵味、文化品位，使美术成果更好地服务于人民群众的高品质生活需求。

PPT课件

产品在本质上不同于自然物，有诸多因素限制着产品造型的设计创造。人的需求是产品造型设计的最终目的，根据马斯洛需求层次理论，人的需求包括生理的需求、安全的需求、归属与爱的需求、尊重的需求、自我实现的需求五个等级，与之相对应，人对产品的需求也可以划分为三个层次。第一个层次是产品的使用功能，是最基本的需求。第二个层次是易用性，指产品被人容易和有效使用，主要通过两方面来实现，一是生理层面的易用，即解决人的身体和产品之间关系的人机工程学；二是心理层面的易用，即解决人的情感和产品之间交流的产品语义学。第三个层次是审美情感，指产品形态体现的视觉美感，属于人的心理范畴（图5-1）。人的知觉有一定的主观性，受心理活动的影响很大，不同的人对相同事物的认知存在一定的差异，主要受文化水平、艺术修养、社会经历、宗教信仰、兴趣爱好、传统习俗，甚至年龄和性别等因素的影响。在进行产品造型设计时，应考虑这些因素对产品形态的限制和影响。

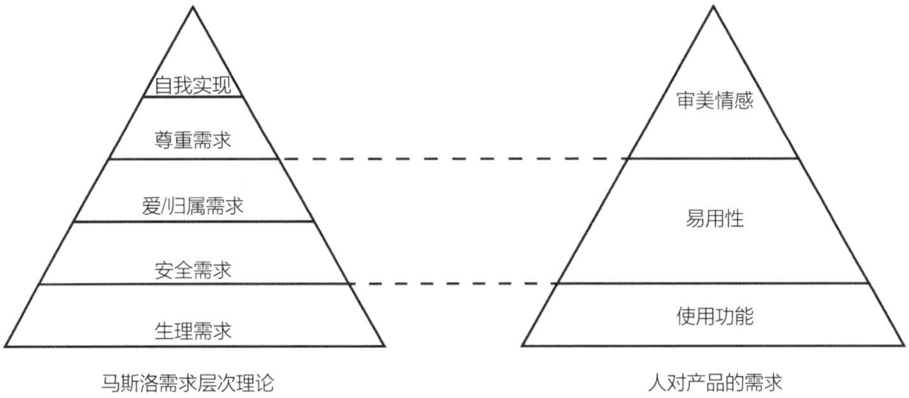


图5-1　马斯洛需求层次理论与人对产品的需求

# 第一节　形态与功能

功能就是事物所发挥的有利作用和效能，产品具备某种特定的功能才有使用价值和交换价值，因此功能是产品的价值体现。形态是功能的载体，没有形态的支撑，产品的功能就无法实现。任何一件产品都具备两个基本特征：一是标志产品属性的功能；二是作为产品存在的形态。功能和形态是产品的两个基本属性，二者之间存在着相互影响和相互制约的关系。产品形态设计不是被动适应功能，在很多创新设计实例中，产品形态的开拓性设计往往能扩展产品研发思路，使产品功能实现新的突破。与此同时，不能忽视功能对形态的限制，产品形态不同于物体形态，为了满足使用要求，产品形态设计要依附于对某种功能的表达。

建筑师弗兰克·劳埃德·莱特（Frank Lloyd Wright，1867—1959）曾经说过，

只重视功能而无视形态，就会产生机械的功能主义；只讲求形式表现无视功能，就是虚伪的形式主义。它们必须互为表里，密切结合，达到矛盾的统一。设计师要了解产品的功能，使形态适应它，反过来形态也有自己的独立价值，对产品的功能有一定的影响和作用。

产品设计中处理形态与功能转换的模式，根据其递进程度的不同，可分为改良、改变和创新三个层次，这三者之间是递进关系。

## 一、改良

改良是对产品原有形态与功能的优化。任何产品的存在都经历了从无到有的过程，在使用中被不断修正不足，以更好地适应使用需求，这就是产品的改良过程。产品改良就是对形态与功能的完善，要在原有产品的基础条件上进行，并受到这些条件的限制。

如图5-2所示，圆柱体形态的筷子放在光滑的陶瓷碗上经常会滑落下来，这就产生了使用过程中的问题，只要做简单的形态改良就可以解决问题。方法一，改变碗的形态，在其边缘增加凹槽，筷子就可以稳定放置了；方法二，改变筷子的形态，将筷子与手握持接触的上半部分设计成长方体。这是一个典型的产品形态改良设计案例，被改良的碗和筷子并没有与之前产生巨大的差异，其基本的形态、功能、材料和使用方式都未发生变化。

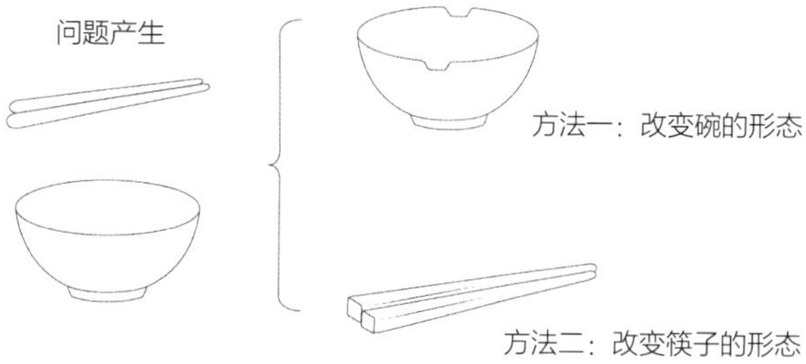

图5-2　筷子摆放问题

## 二、改变

当产品的使用环境、对象、时间或生产加工技术等因素发生变化时，形态与功能就必须进行与之相适应的改变。改变是将产品原有形态与功能进行变化，以适应新的条件与需求。对形态与功能的改变，可以不受原有产品基础条件的限制。当产品的形态与功能完成改变后，新产品所提供的使用方式与原产品一致，并且会更加优化。从这个意义上来看，产品形态与功能的改变，是更深层次的改良。

## 三、创新

创新是对产品进行全新的形态与功能创造。通过创造新的形态与功能，甚至衍生出新的使用方式。需要注意的是，创新具有一定的时效性，要结合时代背景进行。当下的创新，可能一年后就不具有新产品的意义；被强行提前的、过于超前的创新，可能会因为成本、技术和观念等因素的制约而导致产品设计失败。日常生活中有许多产品创新，如汽车、电脑、移动电话等都是在不同时代背景下产生的。这些创新不是单纯的形态与功能创新，还包含了技术创新、概念创新等。创新的目的是为了通过新产品解决生活中的需求，设计师应贴近生活和关注群体需求，以此作为创新的起点。

对产品形态或功能这其中任意一个因素进行改良、改变或创新时，都会导致另外一个因素产生相应变化，这就是产品形态与功能进行转换的关系。

# 第二节　形态与材料

对材料的合理应用是形态塑造的基础，材料与形态的产生有着密不可分的关系。用户在看到某一产品后，往往会形成一个整体视觉印象，不同的材料要素对形成整体视觉印象有不同的影响。产品都是由一定数量和种类的材料构成的，材料是形态和功能的物质载体。在设计过程中选用恰当的材料往往会成为决定设计成败的重要因素。

材料的种类极其丰富，随着科技的发展，新材料不断涌现，材料科学、加工技术和生产方式的变革，深深影响着工业设计的发展。不同的材料有不同的视觉特征、物理化学性能、加工方式、适用领域、价格成本等，在设计中选择何种材料，必须对各种因素综合考虑。对于设计师来说，结合材料学中影响造型的因素进行形态设计思考是必然的。

新材料的出现必然会替代旧材料。一些新材料具有旧材料无法比拟的优越性，性能方面有很大提升且加工成本下降。对于具体的产品形态而言，使用了新材料后很可能使这一形态更易于加工成型。

材料和工艺的合理选择是新产品顺利开发的保证，也是提升产品品质的关键。本书仅以金属和塑料为例阐述产品形态塑造中的材料选择与工艺实施。其他如木材、陶瓷和玻璃等常用材料，可借鉴本书思路，参考相关书籍进行学习。

## 一、金属与成型工艺

在工程设计中，金属材料主要以合金形式出现。每种金属都有其独特的物理和力学性能以胜任某种用途。金属材料的工艺性能优异，能够实现产品的多种造型和视觉效果。

### 1. 金属性能

选用金属材料时，主要考虑的力学性能包括硬度、韧性、抗剪强度、应变、弹性、塑性、抗拉强度、屈服强度和伸长率。金属的物理性能是材料固有的属性，通常不易改变，但力学性能通过加工处理能发生改变。在产品设计中，正是利用这一特性来达到造型中的特殊要求。

金属分为黑色金属和有色金属。铝、铜、镁、锌合金是在产品设计中较常用的有色金属。以镁为例，由于它具有低密度和高强度特征，所以具有良好的耐冲击、耐腐蚀、耐疲劳和高阻尼特性，视觉效果优异，其越来越多的应用于一些电子产品设计领域，如苹果公司出品的手机、笔记本电脑等。

### 2. 金属成型

金属成型一般有以下三种方法：

（1）液体状态成型。通过铸造成型工艺将受热熔化的金属浇到铸型中得到所需工件。铸造成型工艺效率较高，但精度较低。

（2）塑性状态成型。棒料和预成型的零件被加热到接近熔点温度，处于塑性变形状态，通过锻打成型。这种成型工艺可以提高零件的强度，改善材料原有的力学性能。

（3）固体状态成型。一般在常温下进行，随着计算机辅助制造和智能加工技术的发展，这种成型工艺的时间和成本都大幅度降低，如目前广泛应用的CNC技术在产品壳体和零部件加工方面起着越来越重要的作用。

### 3. 金属表面处理工艺

金属产品造型，一方面受整体成型工艺的影响；另一方面则依赖于后期的表面处理工艺，金属材料的表面外观处理工艺一般包括表面精加工处理、表面层改质处理和表面涂饰。

（1）表面精加工处理。表面纹理既可以改善产品的外观效果，又可以提高产品使用中的功能性。如把手的表面纹理，可以形成层次丰富的视觉效果，改善握持手感，还可以弱化加工制造和使用中造成的瑕疵与划伤。金属表面精加工方法很多，较常用的有机械加工和化学方法。

切削和研削：指利用刀具或砂轮对金属表面进行加工的工艺，可以得到高精度的装饰性表面效果。

研磨：指用砂纸、金刚砂布、皮革织物或金属丝修整平面或圆柱表面，把金属表面加工成平滑面效果的一种精细工艺。研磨可以得到光面、镜面和梨皮面的效果。

表面蚀刻：指用化学药液腐蚀使金属表面得到一种斑驳、沧桑效果的加工工艺。用耐药薄膜覆盖整个金属表面，然后用机械或化学方法除去需要下凹部分的保护膜，使这部分金属裸露浸入药液中，溶解形成凹陷以获得纹样，最后去除保护膜完成表面处理。

（2）表面层改质处理。金属材料表面层改质处理是通过化学或电化学的方法将金属表面转变成金属氧化物或无机盐覆盖膜。表面层改质处理可以改变金属表面的色彩、肌理及硬度，提高其耐蚀、耐磨及着色性。

（3）表面涂饰。在金属材料表面覆盖一层膜，可以改变材料表面的物理、化学性能，赋予材料新的表面肌理、色彩和质地等视觉效果。

镀层被覆：指用工艺方法在金属材料表面覆盖其他金属材料构成的薄膜，提高产品的耐蚀和耐磨性，调整产品表面的色泽、光洁度以及肌理特征，从而提升产品档次。

涂层被覆：指为起到保护和装饰作用，或隔热、防辐射和杀菌等特殊作用，在金属材料的表面覆盖以有机物为主体的涂料层，也称为金属表面涂装。

搪瓷：搪瓷指用玻璃材质覆盖金属表面，然后在800℃左右进行烧制，以使金属材料表面更坚硬，提高产品的耐蚀和耐磨性，使其具有宝石般的光泽和艳丽的色彩。

## 二、塑料与成型工艺

塑料是一种高分子聚合物，广泛应用于各类工业产品和日用品中，可通过工艺处理使塑料具备特定的化学和物理性能。

**1. 塑料分类与特性**

塑料的种类很多，按照用途分为通用塑料和工程塑料，按照加热时的性能表现分为热固性塑料和热塑性塑料。塑料成型容易、性能稳定且强度高、重量轻，适合批量生产。

**2. 塑料成型**

塑料成型的方法很多，一般取决于塑料的类型、特性、起始状态及产品的结构、尺寸和形态。根据加工时塑料不同的物理状态，其成型方法可分为三种：

（1）玻璃态的塑料可采用车、铣、钻、刨等机械加工方式成型。

（2）当塑料处于高弹态时，可采用热压、弯曲、拉伸、真空成型等加工方法。

（3）塑料加热至黏流态，可采用注射成型、挤出成型、吹塑成型等加工方法。

**3. 塑料表面处理工艺**

塑料经过表面处理可以模仿其他材质，塑料的着色和表面肌理装饰在塑料成型时就可以完成，但为了延长产品使用寿命，提高美观性，一般都会对其表面进行二次加工，完成各种装饰处理。

（1）表面机械加工处理。磨砂与抛光是塑料产品中常见的表面机械加工处理技术。

（2）表面镀覆处理。

热喷涂：采用专门设备把某种固体材料加热熔化，用高速气流将其吹成微小颗粒加速喷射到产品表面，形成特制覆盖层。热喷涂可以使塑料产品表面具有耐腐蚀、耐磨和耐高温等特点。

电镀：用电化学原理在产品壳体表面获得金属沉积层。电镀可以改变塑料材料的原始外观和表面特性，使塑料耐腐蚀、耐磨并具有装饰性和电、磁、光学性能。

离子镀：在真空条件下利用气体放电使气体或被蒸发物质离子化，在气体离子或被蒸发物质离子轰击作用的同时，把蒸发物或其他反应物蒸镀到塑料表面。离子镀可以延长塑料产品的使用寿命，赋予其特殊的光泽和色彩。

（3）表面装饰处理。

涂饰：把涂料涂覆到产品表面，通过物理或化学变化，使被覆层转变为具有一定附着力和力学强度的涂膜。涂饰可以使塑料表面着色并获得不同的肌理，能防止塑料老化。

丝网印刷：丝网印刷是塑料产品二次加工中一种常用方式，一般依据产品表面形态不同分为平面丝印、间接丝印和曲面丝印。

贴膜法：将印有花纹和图案的塑料薄膜紧贴在模具上，运用熔融原料的热量将薄膜融合在产品上，常用来装饰产品外观和传达产品信息。

热烫印法：利用压力和热量将压膜上的胶黏剂熔化，并将已镀到压膜上的金属膜转印到塑料产品上。

# 第三节 形态与结构

结构是用来支撑产品和承受产品重量的一种形式。即使是最简单的产品，也有一定的结构形式。照明用的台灯就包含了复杂的结构内容，如怎样使台灯平稳地放在桌子上，灯座与灯架怎样进行连接，灯罩怎样固定等。对灯的这些部件进行连接与组合设计，就构成了产品最基本的结构形式。产品的功能必定要借助某种结构形式才能实现，不同的产品功能或功能延伸必然产生不同的结构形式。产品结构的变化也会影响形态，产品形态与结构紧密相关。不同的功能和形态，都需要有与之相对应的结构支撑。结构的种类繁多，了解并掌握最常用的结构有助于进行产品形态设计的思考。

## 一、产品设计中的连接结构

### 1. 连接结构的形成与影响因素

产品形态设计中，存在许多结构衔接问题，由此形成了复杂多样的连接结构，使得产品的形态和使用方式变得丰富。

影响连接结构的因素很多，主要有以下几个方面：

（1）形态与连接结构。不同的产品形态要求有不同的连接结构与之相配合，不同的连接结构也会构成不同的产品形态。如饮料瓶的瓶盖设计，有螺旋式、按压式和拨开式等，对应产生了不同的包装瓶型设计。

（2）功能与连接结构。有特殊功能要求的产品或零部件，如具有防水功能的产品，其某些连接结构就要符合密封性要求。

（3）材料与连接结构。不同的材料要选用不同的连接结构，如金属和塑料采用焊接，木材用榫接、粘接等。

（4）加工工艺与连接结构。加工工艺直接关系到产品生产成本，巧妙设计或选用结构，可以简化工艺与降低成本。

（5）使用者的倾向性选择。消费行为具有潮流导向性，一旦使用者形成对某种产品的购买热潮，会导致产品大量上市，产品某种经典的连接结构就会被推广开来。

（6）操作的安全可靠性。选用连接结构时，安全性是首要问题。其次，连接结构的有效寿命也很重要，这是产品功能实现的基本保证。

### 2. 连接结构的分类

按照不同标准，产品连接结构可分为不同种类。如按照连接原理，可以分为机械连接、焊接和粘接；按照结构的功能和部件的活动空间，可分为静连接结构和动连接结构，具体见表5-1和表5-2。

表5-1　不同原理的连接种类和具体形式

| 连接种类 | 具体形式 |
|---|---|
| 机械连接 | 铆接、螺栓、键销、弹性卡扣等 |
| 焊接 | 利用电能的焊接（电弧焊、埋弧焊、气体保护焊、激光焊等） |
| | 利用化学能的焊接（气焊、原子氢焊和铸焊等） |
| | 利用机械能的焊接（冷压焊、爆炸焊、摩擦焊等） |
| 粘接 | 黏合剂粘接、溶剂粘接 |

表5-2　不同功能的连接种类和具体形式

| 连接种类 | 具体形式 |
|---|---|
| 静连接 | 不可拆固定连接：焊接、铆接、粘接 |
| | 可拆固定连接：螺纹、销、弹性变形、锁扣、插接等 |
| 动连接 | 柔性连接：弹簧连接、软轴连接 |
| | 移动连接：滑动连接、滚动连接 |
| | 转动连接 |

## 二、静连接结构和动连接结构

### 1. 静连接的应用

（1）可拆固定连接。可拆固定连接，使用时可以把产品部件组装成一个整体，不用时又可以把部件拆除，既有利于保管又方便运输。

如图5-3所示，边桌（Lack）是一件实用且经济的家具，桌腿被设计成可以组装的形式，便于运输与储存。安装时无须额外的工具，螺丝在桌面上定位后，利用桌腿与螺丝的配合就可以拧紧。

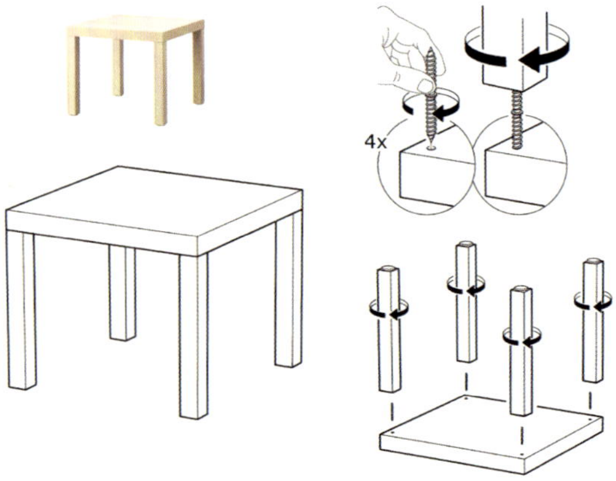


图5-3　边桌（Lack）

（2）“手风琴”式伸缩连接。“手风琴”式伸缩连接如多个“xxxx”，就像拉开的手风琴一样。这种连接结构可以通过改变其组件之间的角度来进行伸缩，常应用在文具、衣架和家具等设计上。

如图5-4所示，折叠晾衣架运用了“手风琴”式伸缩连接结构，节省空间且使用方便。

（3）“夹”连接。“夹”是一种比较综合的连接形式，它的产生与形态、结构、机构和材料等都有一定关系。当“夹”是利用材料本身弹性时，就是一种和被夹物品的锁扣连接；当“夹”是利用外部的机构或结构时，则可能会形成另外一种连接结构。

如图5-5所示，金属发夹充分利用材料弹性大和韧性强的特点，使产品既简洁又实用。

如图5-6所示，木质夹子是借助外部机构和结构来达到特定“夹”的目的的。

（4）锁扣连接。锁扣连接主要运用了产品材料本身的特性或零部件的特性，如塑料的弹性、磁铁的磁性或按扣的瞬时固定连接性，具有结构简单、形式灵活、工作可靠等优点。锁扣连接结构装置对模具的复杂程度要求不高，不影响产品的生产成本，因此广泛应用于手表带、皮带扣、服装和食品包装等日用品设计中。

如图5-7所示，建筑结构套件玩具着力培养儿童的动手能力，说明手册提供了七种不同的建筑结构选项供儿童参考，可以重新组装成新的形式，如汽车、剧院、船等，这些结构套件之间采用了锁扣的连接方式。

（5）插接连接。在需要互相固定的零部件上设置相应的插接结构，方便安装和拆卸，有利于模块化设计。插接和木榫连接很相似，主要区别是插接有多种形式，可以应用到多种产品中，而榫接则主要应用在木质椅子上，特别是我国明清家具中。

如图5-8所示，逻辑积木（LogiBlocs）是一套可组装的电子元件，让儿童能够轻松了解电子、编程、逻辑与机械结构。电子元件根据色彩与形态的不同，分为输入、输出、逻辑、电源和连接模块，全部采用插接的连接方式，儿童可以用不同的组合方式连接不同的模块创建电路，来实现不同的功能。

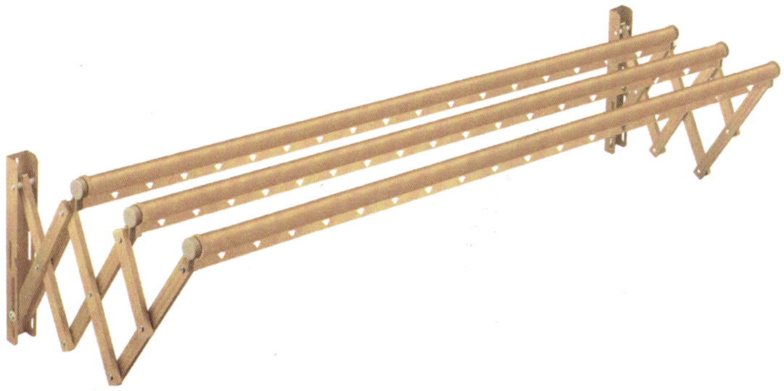

图5-4 折叠晾衣架

图5-7 建筑结构套件玩具

图5-5 金属发夹

图5-6 木质夹

图5-8 逻辑积木（LogiBlocs）

2. 动连接的应用

（1）移动连接。移动连接是使构件沿一条固定轨道运动，设计中侧重移动的可靠性、滑动阻力设置和运动精度的确定，主要应用在抽屉、滑盖装置、桌椅升降和拉杆天线等伸缩结构中。

如图5-9所示，东芝食物料理锅，操作触控面板与锅体之间采用了移动连接结构，既保证了操作界面的隐藏和防护，又实现了锅的整体感设计。

如图5-10所示，西门子滑盖手机（SL55）的面壳与底壳之间采用了移动连接结构，向上滑动后能操作按键，不用时滑动面壳与底壳重合，使机身保持小巧轻盈之感。

（2）铰接。铰接是一种转动连接结构，常用于连接转动的装置和产品结构。传统的铰链由两个或多个可移动的金属片构成，现代产品中的铰链大多由可以重复弯曲的单一塑料片制成，如洗发液包装容器的盖和主体之间的连接。铰接装置多通过锁紧增大阻尼的方式实现，常用于需要变换定位的产品结构中，如台灯支架、翻盖装置等。

如图5-11所示，联想一体机（Think Centre M930Z）的外形特点是线条清晰简练，大部分连接器和电线隐藏在铰接结构的后盖里，支架底部为键盘预留了摆放空间，有一个橡胶衬里的插槽，可以放置智能手机。

如图5-12所示，台灯（Infinity）可以对移动交互做出响应，当用户靠近灯头时，灯会自动激活并有九种不同亮度级别可供选择，灯臂和灯头之间全部采用铰接连接，倾斜角度可调节。

如图5-13所示，字母型橱柜柜门采用了铰接连接，抽屉与柜体之间采用了移动连接。

（3）风箱形柔性连接。柔性连接允许被连接零部件的位置和角度在一定范围内变化，或所连接构件可发生一定范围的形状和位置变化而不影响运动传递或固定关系。风箱形结构作为这类连接的代表，是一种非常重要的运动连接结构。其应用范围主要有灯头、机动车里程表、医疗器械、电源插座和软轴接头等。这种结构可以实现产品动作幅度增大、拓展空间、收纳隐藏或者是密封等功能。

如图5-14和图5-15所示的油烟机排气管、洗衣机排水管都是风箱型柔性连接的典型代表。

图5-9　东芝食物料理锅

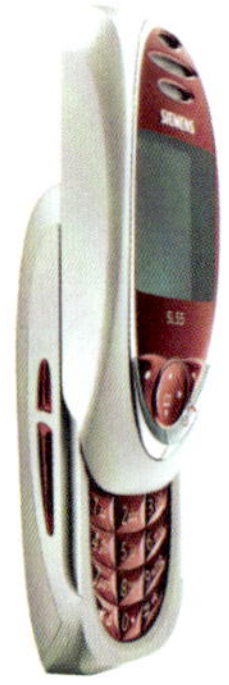
图5-10　西门子滑盖手机（SL55）

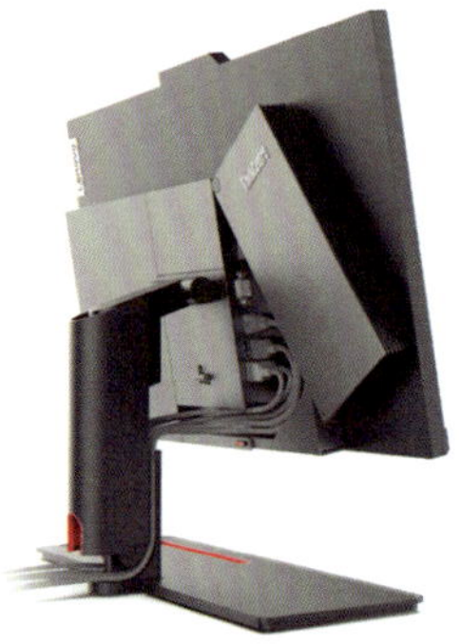
图5-11　联想一体机（Think Centre M930Z）

图5-12　台灯（Infinity）

图5-13　字母型橱柜

图5-14　油烟机排气管

图5-15　洗衣机排水管

# 第四节 形态与文化

文化与设计的关系历来是备受关注的主题，在生活品质与文化修养不断提升的当代社会，人们更加青睐有深层次文化内涵的设计作品。好的设计作品既能表现美的形态语言，也能传达民族的精神气质、艺术修养和价值观念。如何使设计作品具有文化内涵是当代设计一直在探索的课题。

只有站在充分认识和把握文化与设计关系的角度，从我国的历史文化土壤中挖掘、汲取精华，才能创造出真正有价值的设计作品。综观国内外优秀的设计案例，每一件作品的成功无不是以深厚的文化底蕴为依托，在充分体现当代社会的物质与精神需求中创造出来的。从贝聿铭（Ieoh Ming Pei，1917—2019）的“苏州博物馆”到汉斯·瓦格纳（Hans Wegner，1914—2007）的“中国椅”，优秀的设计大师总是站在传统文化的视角来审视设计，将传统文化与时代设计紧密结合。以文化作为设计的根基，在设计中体现传统文化的特质才能使当代设计作品的生命力持久永续。

## 一、传统文化的生命力

### 1. 文化是孕育设计的土壤

早在远古时代，人们为了生存与发展的需要，就开始了有目的、有计划的创造性活动。原始陶器的制作就是一种创造性的文化活动，尽管还不是完整意义上的设计，但已包含了设计的因素。随着人类社会的不断发展、文化活动的逐渐增多、文化功能的细化分工，利用文化成果所带来的物质刺激，不断激发人们创造开发更多物质财富甚至精神财富，当这种创造性活动变得越来越有目的，有组织，有计划时，设计便诞生了。从历史的宏观角度来看，古代造物者是历史中的一部分，生活在特定时期和特定文化背景中，他们的思想与行为都毫无疑问受到当时文化特征所影响，尽管当时的造物活动夹杂着浓厚的原始宗教信仰意识，但他们的造物活动也将本族群的精神意志体现了出来。文化包含着民族的精神意志，从这个意义上可以说，文化孕育了设计，设计也在创造着新的文化。

每个国家都有特定的愿望与追求，都在用自己独特的方式进行表达，借助有形的设计物品表达无形的民族文化精神。正是因为各国的文化土壤不同，才孕育了不同风格的设计，形成了世界各国多元化的设计格局。当今世界是一个开放、交融与不断创新的世界，通过设计物折射出来的文化特点体现了不同国家、不同民族的文化传统。不同国家的文化传统，决定了各国在设计沟通与交流的过程中不会一帆风顺，并在一定程度上影响设计的发展，但经过碰撞、交流与融合后又会产生新的设计理念与文化，从而使交流双方的设计得到充分施展，文化得到传承与创新。

### 2. 设计应以文化为底蕴

设计是一项以人为中心的活动，所有的设计活动都是围绕人这个中心来展开的，蕴含着人的审美需求、情感需求和文化需求。产品是反映消费者物质与精神需求的各种文化要素的总和，是使用价值、审美价值、文化附加值的统一体。随着社会经济的发展，企业之间的竞争越来越体现在产品文化的竞争上，企业文化通过产品传达给消费者，产品所蕴含的文化在消费者长期使用产品的过程中潜移默化地影响着消费者，并逐渐在消费者心里扎根。随着社会文明程度不断提高，越来越多的有志之士意识到了文化对于产品设计和企业的重要性，产品设计必须融入本土文化才能得到持续发展，对于今天的中国设计来说，这也是迫切需要解决的问题。然而，设计的文化底蕴并不能简单肤浅的理解为对传统文化中“形”的仿照与套用，而是要将传统文化精髓中的“神”融入其中，进而达到“意”的境界。

### 3. 当代设计是传统文化的延伸与发展

所谓传统文化是指一个民族或国家在长期的历史发展过程中，伴随着其独特的生产与生活方式慢慢形成的各种精神和制度。它一方面是民族本性的浓缩和价值观念的体现，是人类得以发展壮大的基础与灵魂；另一方面也是民族文化延续发展的动力与桥梁，是民族文化发展的坚实基础。

当代设计无论怎样发展，都无法摆脱传统文化对它的影响，它们之间有着紧密联系。设计本身具有前瞻性，是一个不断创新的过程，并且这种创新对传统文化而言，是延伸与发展，而不是彻底割裂。在当代设计中融入传统文化，为当代设计增添一份文化情怀，是形成当代设计特色的文化基石。中国当代设计通过与传统文化融合，能形成一种简约美和意境美，这是应有的特色。设计的内涵是文化，表面化、符号化的中国元素并不是对中国传统文化的延伸，更不能体现中国传统文化的深厚底蕴。随着越来越多的国际高档品牌进入中国市场，国际流行趋势也刮起了“中国风”，旗袍、仙鹤装、青花瓷装等具有鲜明中国文化元素的作品不断涌现。事实上，中国的传统文化元素远不止这些，其内涵之深厚和宽泛，并不是具体的符号与形式所能体现的，刻意追捧与拿来主义都是不可取的。当代设计对传统文化的运用应该建立在当代人的审美与心理需求的基础上，是对传统文化充分理解后在设计中情感的自然流露。

## 二、传统文化在形态设计中的延续

### 1. 形态设计中“形”的延续

“万事无形皆为空”，要想得到一种延续传统文化生命力的方式，必须借助理想的形态塑造作为基本框架。在文字诞生之前，人类就已经开始使用图形符号来传情达意了，新石器时代的彩陶纹样与刻绘在崖壁上的岩画刻符都记载下了人类最初对自然界的认识与理解，以及他们当时内心的渴求与期盼。这些图形随着时间的推移、历史的变迁、科学技术和材料工艺的不断演进，以及与外来文化的不断融合而不断延伸衍变，从而形成了中国特有的造型艺术体系。这个造型艺术体系凝聚了中华民族几千年的智慧精华，也传承了华夏民族特有的艺术精神。

中国有代表性的传统图形，诸如凤纹、云纹、鱼纹、涡纹等，都可探寻到其表现形式在各个历史时期发展演变的脉络。形态设计中，这种“形”的延伸是对原始母体的继承与延续，也是对其外在形态的衍生与拓展。

在中国文化中，圆形与方形的统一具有很高的审美价值，如图5-16所示，老板油烟机的造型设计也正是基于此，面板上装有传感器，用户可以通过手势感应进行控制。启动后，导风板能够水平延伸，形成部分真空以确保烟气被吸走。

### 2. 形态设计中“神”的延续

虽然“形”在每个时期往往与前一个时期大相异趣，但仍能呈现这些形式多样的造型中所特有的精神气质，彩陶上稚拙的鸟纹和蛙纹、青铜器上狞厉的饕餮，汉代漆器上飘逸的凤纹，在经历了漫长的时间淘洗之后，呈现出一种惊人的生命活力并影响着现代人。而这种神韵的传承来源于中国传统的造型观念，即中华民族特有的哲学观念和审美意识。

西方文化从柏拉图开始一直讲主客二分，在西方美学中突出的特点是以个体为美，强调形象性、生动性、新颖性，中国传统美学更强调主客统一的整体意识，认为万事万物都是一个和谐统一的整体，都遵循同一个本质规律，因而中国古代的艺术家始终致力于“以整体为美”的创作，将天、地、人、艺术、道德看作一个生机勃勃的有机整体，把人的情感赋予物的形式，达到可以“借物抒情”“以形写意”和“形神兼备”。形态设计中，使用方式的延续便是“神”的延续。

### 3. 形态设计中的“形神兼备”

通过传统造型艺术的历史延伸脉络可以看出，造型艺术本身是一个开放的系统，在新的技术与意识观念的冲击下会不断更新拓展，而其后的内涵与精神是民族历史长期积淀的结果，也是民族形式的灵魂之所在。因此，要使中国的传统造型艺术在现代设计中得以延伸发展，打造新的民族形式，就应该在理解的基础上取其“形”和传其“神”。

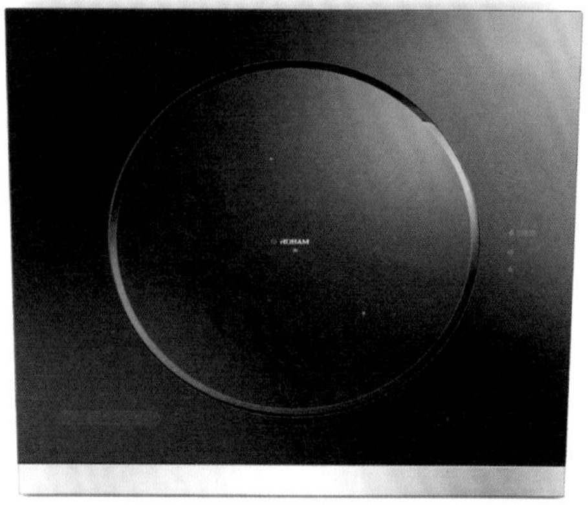

图5-16 老板油烟机

如图5-17所示，该户外休闲躺椅（Dedon Yin Yang）极具东方韵味，设计灵感来源于中国的太极图，将中国传统哲学用色彩与形态和谐交融的方式诠释出来，放置在任何环境中都具有极强的艺术审美价值。躺椅在形态设计中，通过使用方式的内在嵌入和形体的外在表现相结合，达到了“形神兼备”的设计境界。

取其“形”自然不是简单照抄照搬，而是对传统造型的再创造。这种再创造是在理解的基础上，以现代审美观念对传统造型中的一些元素加以改造、提炼和运用，使其富有时代特色；或者把传统造型的造型方法与表现形式运用到现代设计中来，用以表达设计理念，同时也体现民族个性。传统文化的生命延续是通过多种内在途径实现的，形体的更新换代背后有不变的本质，通过延续这种本质的东西可以使传统文化的生命力更持久。传统使用方式是一种内在的精神，现代设计之中延续了这种精神，延续了传统文化的生命力。

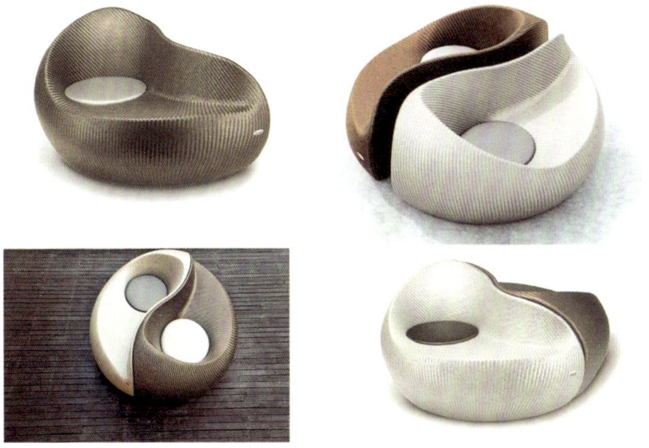

图5-17　户外休闲躺椅（Dedon Yin Yang）

# 第五节　实战训练——服务机器人造型的改良与创新设计

## 一、总体功能要求

请为居家空巢老人设计服务机器人造型方案，机器人胸前有一个8.4寸触摸液晶屏，有两个作业手臂，头部有CCD摄像头，能完成递送物品等任务，能对用户进行安全监控和紧急情况报警，并陪伴用户学习和娱乐。

1. 形态改良设计要求

（1）请采用现有的AS-R开放平台装置来设计服务机器人的整体造型。AS-R平台装置采用Windows和VC系统，具备图像采集处理和语音交互等功能，自下而上依次为动力、控制和传感系统，上层的铝制框架可作为拓展层放置运动控制卡、手臂等配件。平台装置实物和主要外形尺寸如图5-18所示，顶圆直径为485mm，顶面距地高500mm，底面距地高70mm，两个主动轮直径200mm，两轮间距410mm。服务机器人壳体必须将平台装置包裹进去，且总身高不超过1200mm，以免影响行走时的稳定性。

（2）能完成上述总体功能要求，用合适的造型设计语言来表现。

（3）巧妙运用相关形态设计处理手法减弱现有平台装置的实际体量给造型产生的负面影响。

2. 形态创新设计要求

（1）请根据设定的功能需求设计机器人的造型方案。

（2）运用发散性思维充分挖掘造型设计的各种可能性。

（3）注重产品细节部件的形态设计。

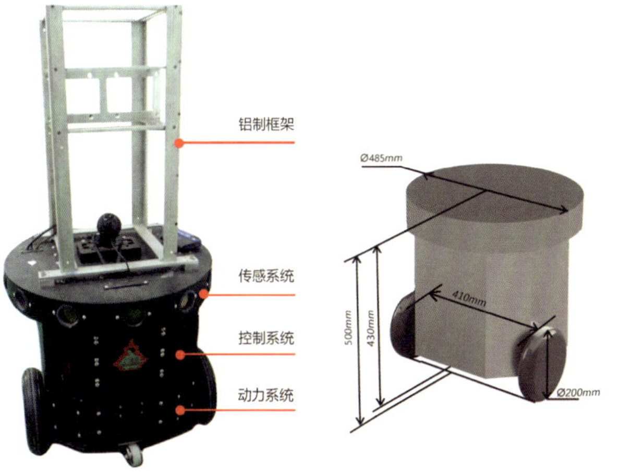


（a）AS-R平台装置实物　　（b）主要外形尺寸

图5-18　开放平台装置

## 二、预期目标

（1）培养学生在既定的设计约束条件下寻求最佳造型设计方案的能力。

（2）训练学生基于产品已有功能需求进行造型细节分析、比较和推敲的能力，能在整体造型的诉求下对各个细节部件进行合理化设计，以真实产品的标准为导向进行形态的改良设计。

（3）训练学生的发散性思维能力，使其能大胆运用产品造型语言进行形态的创新设计。

（4）使学生通过改良设计和创新设计两线并行的设计实践过程，了解这两种形态设计方法之间的区别和联系。

## 三、设计展开

首先，教师给出课题的宏观目标，即设计立足点是基于老年人独自居家养老的社会背景，希望服务机器人能完成预防、治疗、监测、康复及娱乐等系列功能，为老年人提供重要的生活支援，最终创造出老年人与机器人友好共处的人机交互生活新模式；其次，进行现有产品市场调研，分析目标用户属性，预测设计趋势，进行设计定位；再次，请学生分组按照改良设计和创新设计两条路径分别设计方案；最后，将两组设计方案汇总交流，让学生体会这两种设计之间的差异。

### 1. 形态改良设计

改良设计必须准确理解和把握约束条件，这是进行方案设计的重要依据。服务机器人整体造型设计受现有技术支撑的约束，必须基于AS-R开放平台装置的功能与结构进行设计。分别以实物和计算机仿真三维模型对该平台装置进行演示，让学生真切认识到该装置庞大的体量，深刻感受到这将给机器人的形态设计带来很大的负面影响。通过对现有约束条件的深入分析，归纳出设计方向，形态设计方案采用轮式行走，机器人身体部分的壳体形态以筒状造型呈现，才能以最小的体积将庞大的装置包容进去。如图5-19～图5-23所示的设计草图进行了形态方案的思考与表达，重点在以圆柱体为基本造型语言的前提下，通过形态分割等设计手法在视觉上减弱了装置庞大的体量感。

形态方案的遴选过程如图5-24所示，方案1为初次设计方案。对照AS-R开放平台装置相关尺寸，因为C1小于430mm，则直径A1和直径B1必须都大于485mm，该方案的身体和底座壳体才能将装置包裹进去。采用ABS材料和吸塑工艺制作了此方案的原型样机，测试时发现机器人整体造型非常庞大和臃肿，影响行走稳定性以及用户的视觉美感和体验。为了进一步优化设计，提出了方案2的构想，由于C2略大于430mm，直径B2只需要略大于485mm即可将装置包裹进去，给直径A2小于485mm创造了条件，使得机器人整体造型成功“瘦身”。延续方案2的解决思路，又设计了方案3和方案4。机器人是服务于人的，在整体形态语义上应该传达出毕恭毕敬的态势，如图5-25所示，在方案4中针对机器人的身体形态做出了前倾5度的倾角设计，凸显了其服务形象，最终确定方案4为形态改良设计终稿

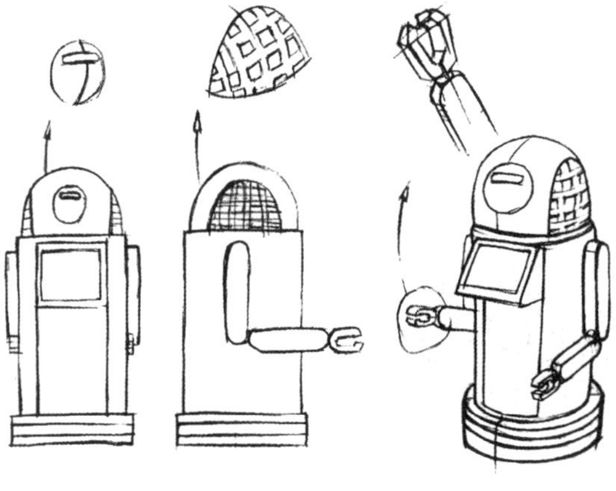

图5-19 朱彦、陈晶晶作品

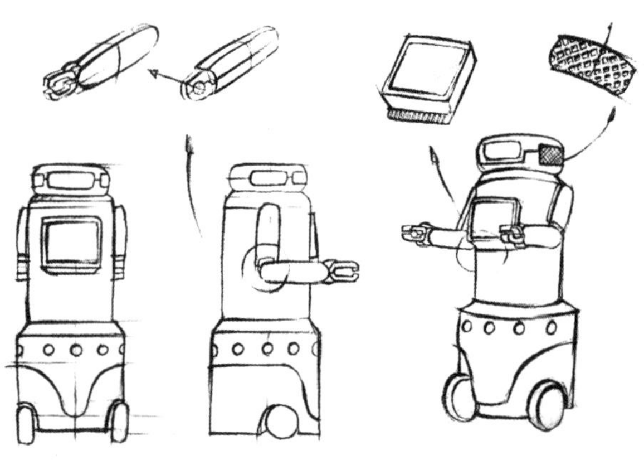

图5-20 朱彦、陈晶晶作品

图5-21　朱彦、陈晶晶作品

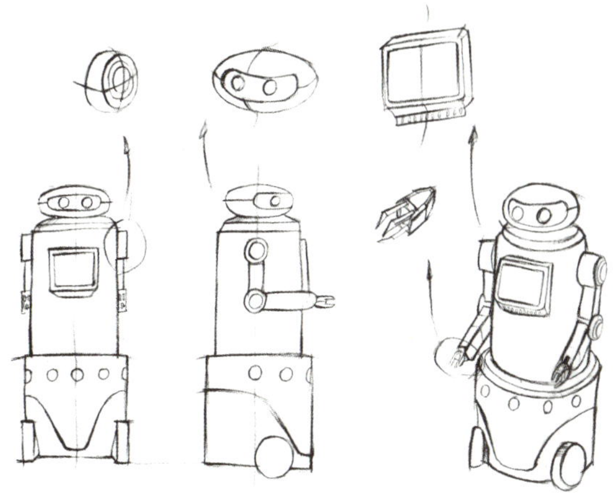

图5-22　朱彦、陈晶晶作品

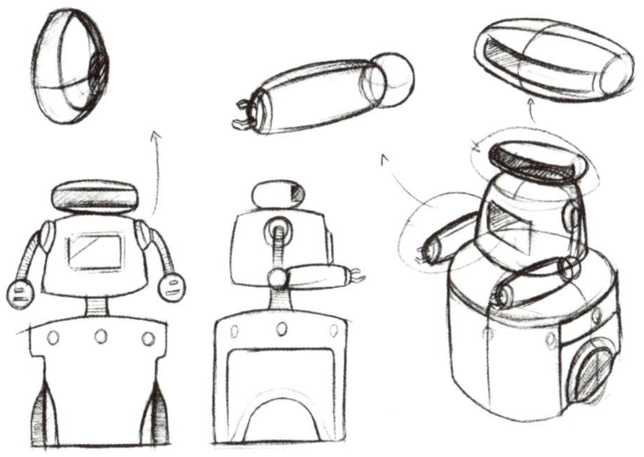

图5-23　宋一宁作品

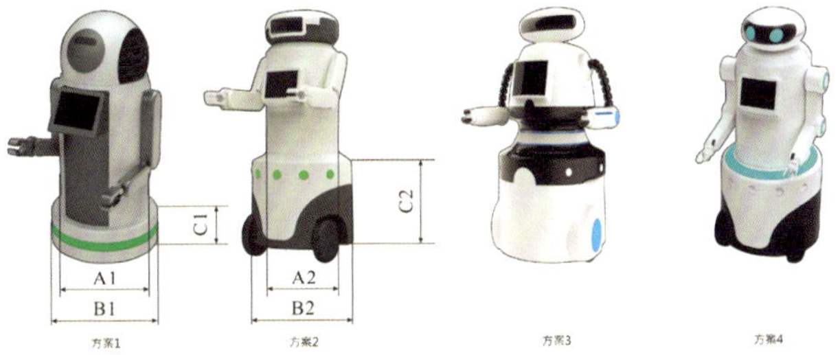


图5-24　形态方案遴选过程

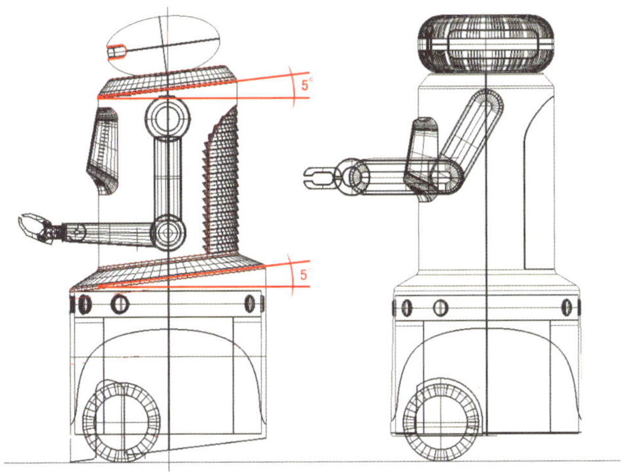


图5-25　身体形态倾角设计

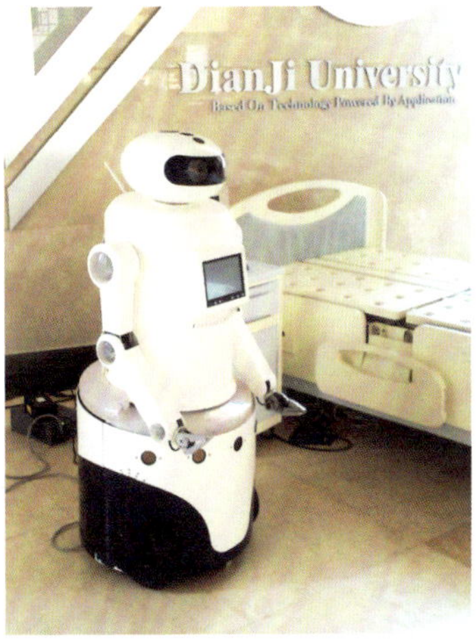


图5-26　壳体样机

方案，并制作了如图5-26所示的壳体样机，壳体部件见图5-27。

2. 形态创新设计

形态创新设计不用基于已有的平台装置去思考，要面对的约束条件较少，设计方案只需完成相应的家庭服务和护理功能，与目标用户有良好的人机交互。因此该组学生有较大的发挥空间。

如图5-28所示的情境设计图对产品具体使用情景进

行了表达，目标是构建一个家庭服务机器人的交互系统，该系统中包括4个造型各异的机器人，分别以手绘草图和计算机三维效果图进行了表达（图5-29～图5-36）。如图5-37～图5-39所示是和谐的人机交互场景。

如图5-40所示是运用产品形象系统设计方法提出的家族机器人设计方案，两个方案犹如一对兄妹，分别具有男性化和女性化特征，同时又有整体上的形态共性。

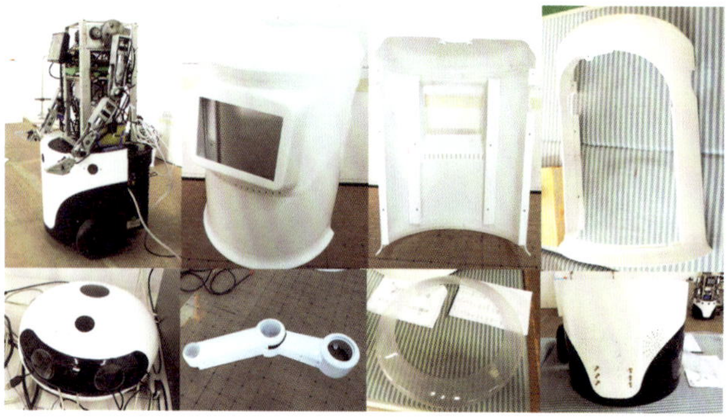

图5-27　壳体部件

图5-28　情境设计图

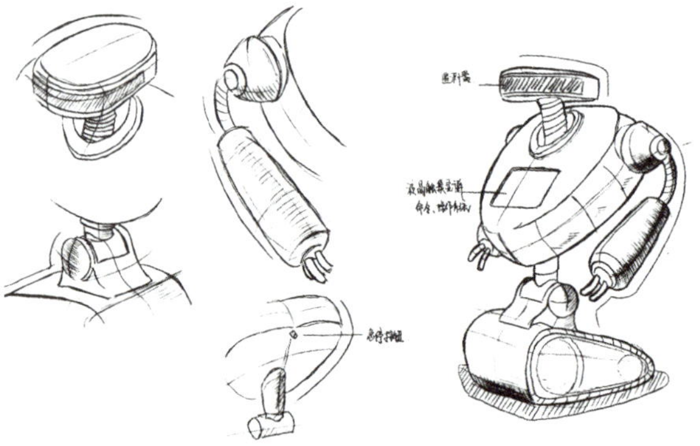

图5-29　李强作品

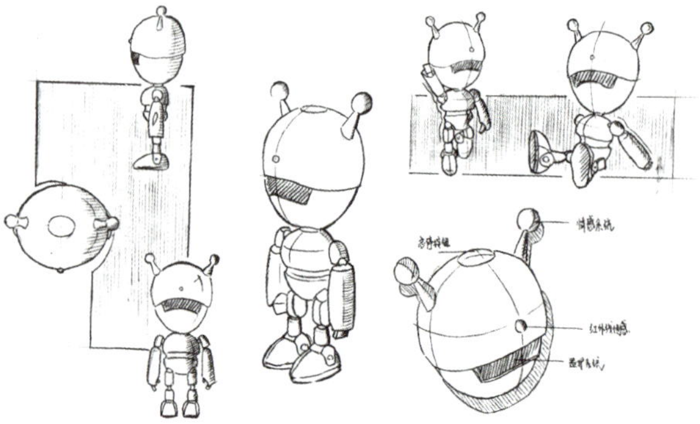

图5-30　沈佳俊作品

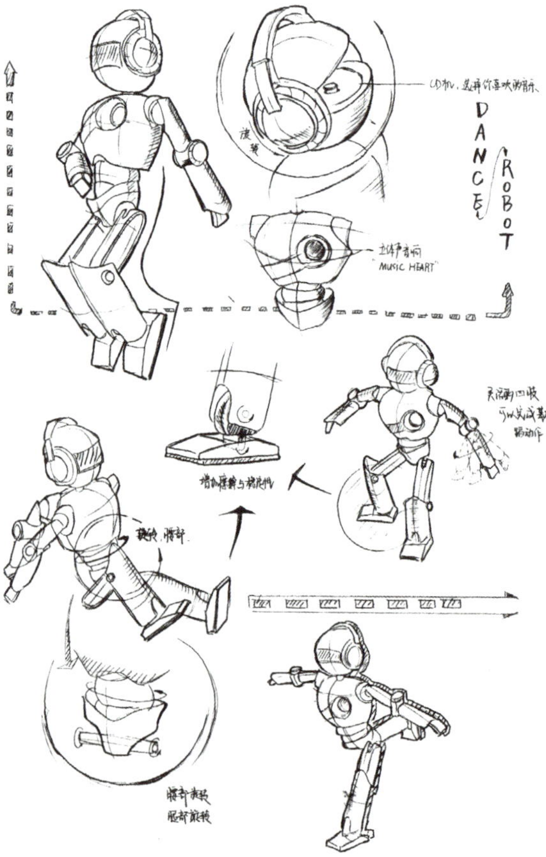


图5-31　沈立扬作品

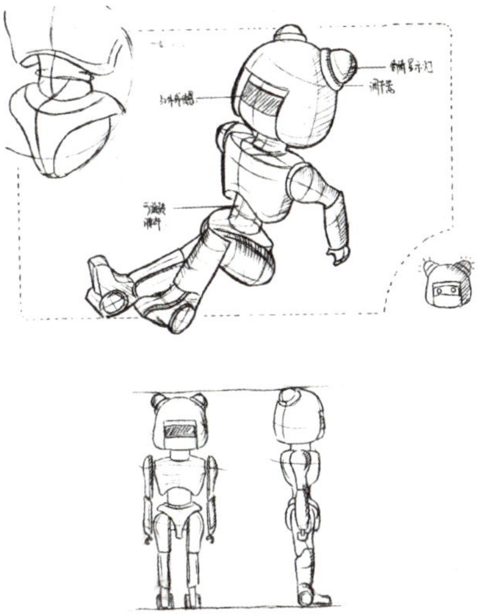

图5-32 罗佳维作品

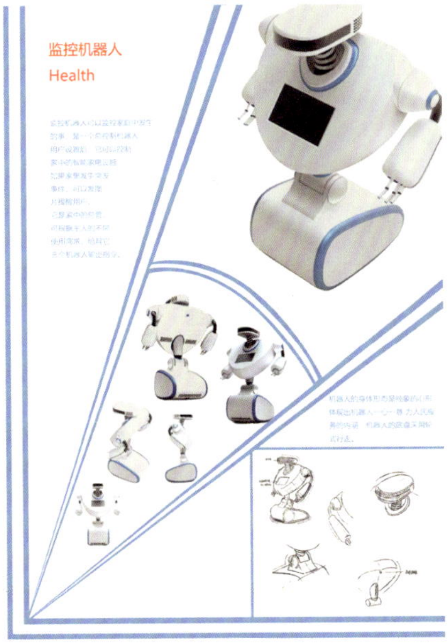


图5-33 李强作品

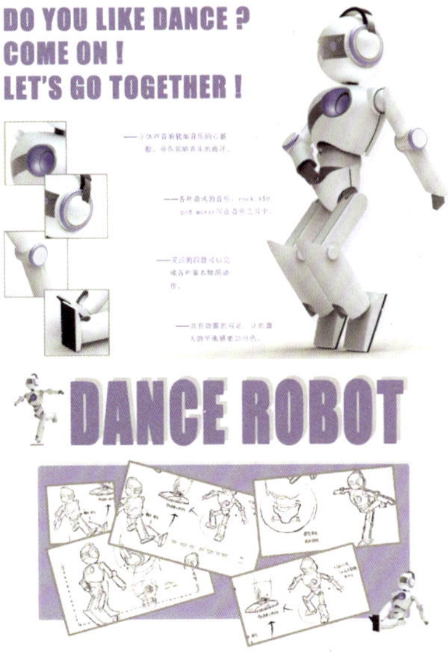


图5-34 沈立扬作品

图5-35 沈佳俊作品

图5-36 罗佳维作品

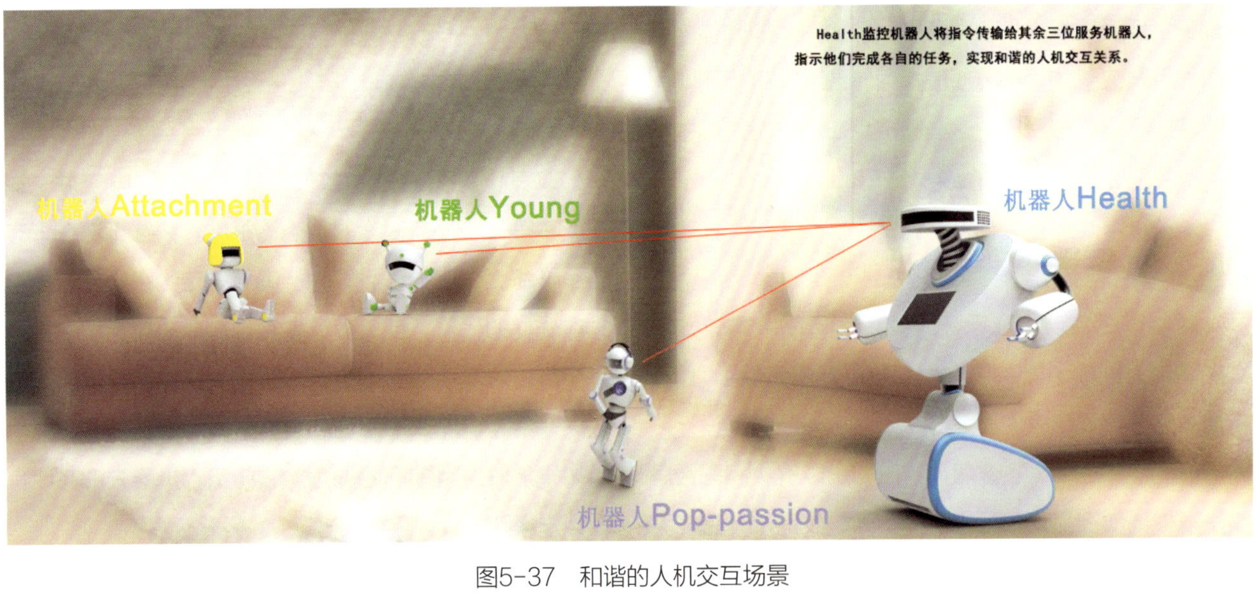


图5-37 和谐的人机交互场景

图5-38　和谐的人机交互场景

图5-39　和谐的人机交互场景

图5-40　家族机器人

这些创新设计方案无论是在整体外形、细节部件、运动方式还是交互界面的设计上都各具特色。产品设计方案的细节非常关键，如果只呈现一个大致造型而缺失细节,设计方案是经不起推敲的。因此，虽然约束条件相对较少，但仍要求学生全面考虑设计要素，如壳体如何分型、手臂或身体等关键部位如何转动、交互界面如何与整体造型有机融合等，这些关键点在每一个方案中都得到了完整的表现。

## 四、设计结果汇总与分析

两组学生各自完成设计方案后，又在原本分散实践的基础上进行了集中评讲。当两组的设计过程、思路和成果全部展现在大家面前时，改良设计与创新设计之间的异同点不言而喻。这两种方法都是以解决问题为导向，以推出新产品为目标的设计行为，改良设计是在不改变现有产品工作原理的基础上，基于已有的平台装置进行形态设计，设计过程是“戴着镣铐跳舞”，是一种渐进式的设计；创新设计是在产品的工作原理和结构不确定的情况下，提出新的产品解决方案，是一种具有跳跃性、激进性的设计，面对的约束条件较少，造型的可塑空间较大。

## 五、设计回想

改良设计受到技术条件、产品既定的原部件、加工成本等各种现有因素对形态的限制，往往无法在形态的多样化上做出尝试，即为了满足既定约束必须付出形式最优化的代价，创新设计在满足产品功能需求的前提下，可以对产品的形态进行最优化设计。从最终的表达效果来看，机器人形态创新设计方案似乎更加吸引人，但如果从解决目前问题的角度去衡量，机器人形态改良设计方案则更具实际意义。

# 第六节　实战训练——新农产品盲盒设计

## 一、设计要求

（1）请选择新农产品为主要对象，运用皮尔斯符号学理论分析新农产品文创符号特征，提炼相关设计要素，确定具体设计方向。

（2）盲盒内的产品造型，可以为抽象或具象物形、人形等，在综合考虑形态与功能、材料、结构的前提下，重点思考文化要素对产品形态的影响。

## 二、预期目标

（1）使学生掌握皮尔斯符号学理论，并恰当运用到产品造型设计中。

（2）使学生掌握形态与文化的关系，并基于文化的内涵和影响做出形态的设计应对思考。

## 三、理论导入

首先提出符号的性质，并建构出符号学基础架构的是美国学者查理·皮尔斯（Charles Sanders Peirce，1839—1914），他认为符号作为一种事物，必有隶属于它的性质；且符号是用来意指某个事物，它就必定与这个特定事物具有实质上的联系。而符号的基本功能就是作为对于真实世界的指称，没有符号，人们就无法思考。

皮尔斯将符号三元关系：表征—客体—诠释（Representamen-Object-Interpretant），形成一个符号的三角关系，因而所解释的内容与符号以及意指物之间便产生一个紧密的三角关系网。符号的表征是符号三角形中再现对象客体的主体，而第三元则是客体对象的诠释。可以图5-41说明皮尔斯符号三角形的三元关系。

皮尔斯的符号三角形（the Semiotic Triangle）中，符号（Sign）指以任何方式承载着某个对象任何一种界定概念的任何一种事物；表征（Representamen）指符号呈现的形式；客体（Object）指所指涉的客体对象；诠释（Interpretant）指对客体对象所有理解与从符号表征中所能理解的意义。“表征—客体—诠释”三项组成元素彼此相互依存，“表征”是可以承载讯息的图像、文字、声音或是动作等；“客体”可以是具体的事物，也可以是抽象的概念；“诠释”则是一个多元而变动的概念，是诠释对象客体的所有说明内容。此三者互动的结果才成为一个完整的符号，而语言和思想是符号诠释的过程，意义存在于诠释与再诠释之中。

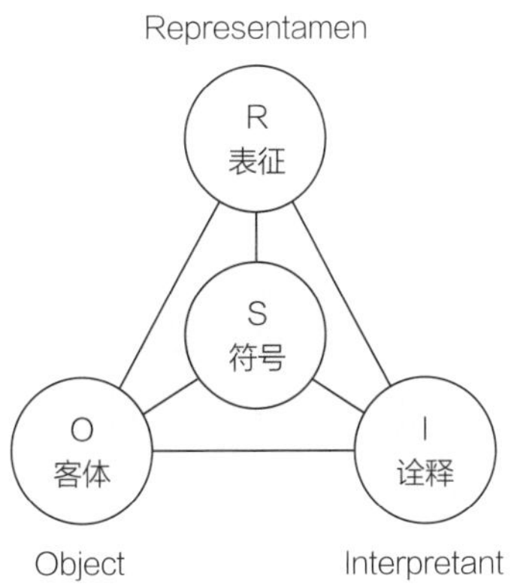


图5-41　皮尔斯符号三角形

## 四、设计展开

民以食为天，农业是国民经济的基础。新农业以粮食优质高产为前提，有着绿色、生态和安全的特点，集约化、标准化、组织化和产业化的程度较高。在设计新农产品盲盒时，尝试将上海金山农民画与典型农产品相结合，并运用多种表现形式融入潮流玩具的公仔形象中，为用户创造感知新农产品的机会。金山农民画是上海金山的民间传统艺术之一，以江南水乡风土人情为主要题材，融合刺绣、剪纸、蓝印花布、灶头壁画、雕塑、漆绘等民间艺术表现手法，运用大胆的艺术夸张和强烈的色彩反差来表现。如图5-42所示是运用皮尔斯符号学理论解析洋葱公仔造型设计的过程。根据皮尔斯符号学理论，文创产品符号包括三个组成部分：文创产品表征（CCPR, Cultural Creative Product Reprensentamen）、文创产品对象（CCPO，Cultural Creative Product Object）、文创产品诠释（CCPI，Cultural Creative Product Interpretant）。这三个部分

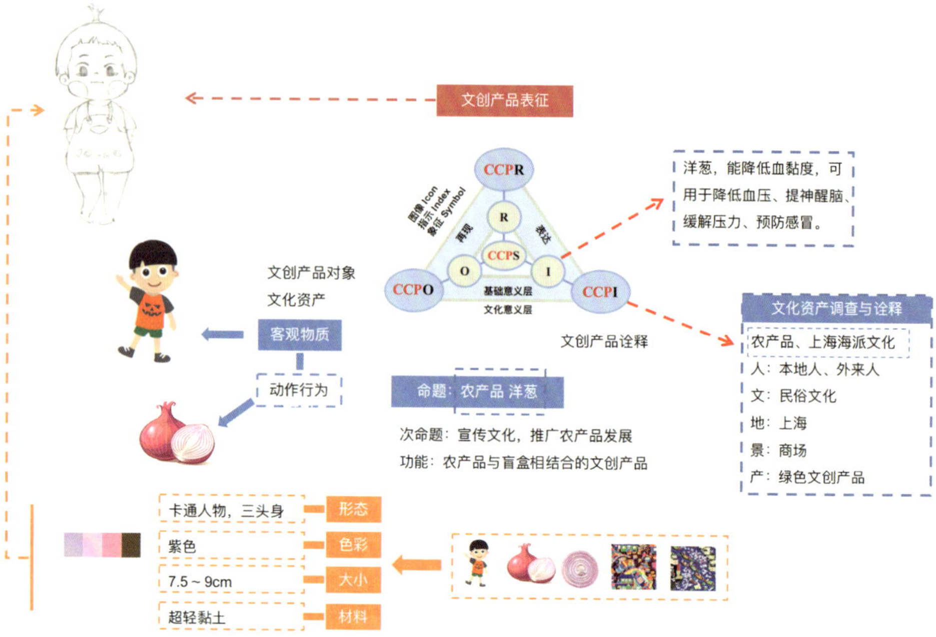


图5-42　丁瑜绘制

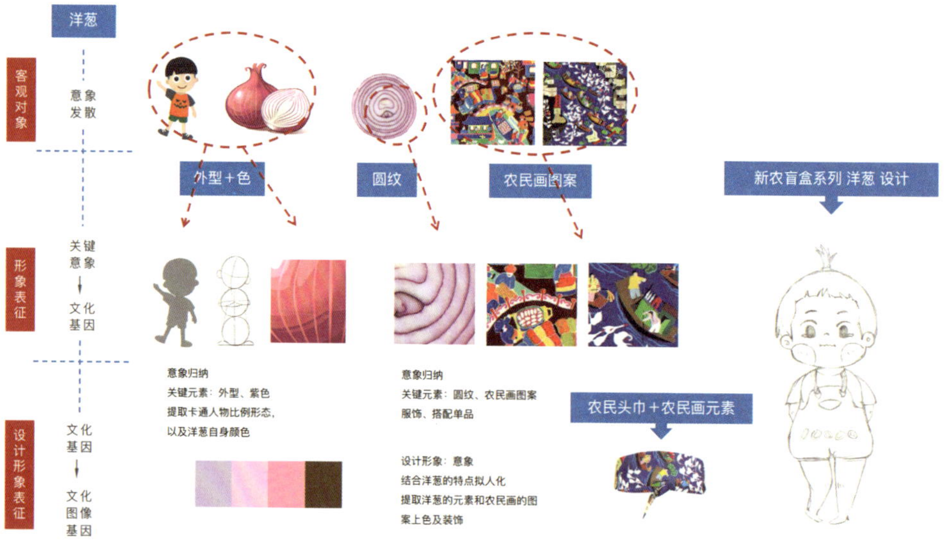


图5-43　丁瑜绘制

使得新农产品文创设计必须从对象的文化背景、历史轨迹、在地特质等方面归纳出象征性符号。如图5-43所示是文化分析和符号提炼的过程，对客观对象的元素提取聚焦在形态、色彩与纹理等特征上。以洋葱公仔为例，结合洋葱的特征和金山农民画的图案，深入分析提取关键意象，归纳文化基因，设计形象表征元素，绘制文化图像基因，最终完成设计方案。

如图5-44所示是手绘草图，具体选择洋葱、玉米、豌豆、辣椒、南瓜、胡萝卜、番茄、大米这8种农产品，分别赋予不同的公仔形象，将稻草人作为本套盲盒的隐藏款。如图5-45所示是计算机辅助设计效果图，如图5-46所示是用超轻黏土制作公仔实物的过程与成品照片。

图5-44 丁瑜作品

图5-45 丁瑜作品

图5-46 丁瑜作品

## 五、其他优秀作品

如图5-47和图5-48所示，作品分别提取蘑菇和土豆的形态，并设计转化成公仔形象。如图5-49所示，作品以万圣节为主题，设计公仔造型。如图5-50和图5-51所示的公仔具有相似的头部造型元素，提取了桃子、橙子、蓝莓、牛油果、芒果等水果的形态和色彩，赋予造型设计中。如图5-52和图5-53所示，则将山楂、西瓜、生梨、菠萝等水果融入公仔的头饰、服装及手中道具的设计中。如图5-54所示，其运用冬枣与哈密瓜的形态元素设计了男、女两款公仔造型。

图5-47 曾婷作品

图5-48 熊浩翔作品

图5-49 杨洁莹作品

图5-50 马晨钰作品

图5-51 周月作品

图5-52 木淑歌作品

图5-53　张哲佳作品

图5-54　戴奥通作品

## 六、设计回想

工业社会理性消费时代的设计编码着重于功能与操作识别，因此主要从人类的认知心理着手，以理解指示型图像符号被消费者辨识的成功度。体验经济下的设计则透过编码将清楚的指涉符号提供给消费者，作为记忆或回忆等深层文化结构的链接，以建构情境脉络体验与学习的文本。文化创意产业已经成为知识经济中重要的关键产业，文化从被研究的静态对象转变为具有经济价值的动态对象，建立起文化与消费之间的崭新关系。这样的崭新关系促使个人、企业或是组织，不断思考文化如何成为可被消费的商品，并在消费者进行消费时，能具备比一般商品更清楚的文化信息。因此，文创产品的消费并不只是消费产品功能，还包括清楚的文化脉络所形成的情境消费。在文创产品设计的过程中，符号学的符号文本概念将产品从日常生活中的用品转变为携带信息内容并可被分析的文本，从文本再转变为文化文本，文创产品成为能传递文化信息的文化载体。

## 思考题

1. 产品设计中处理形态与功能转换主要有哪几种模式？请各举一例产品说明。
2. 请理解结构中的静连接和动连接，并针对这两种连接类型中的具体结构形式，各举一例产品分析说明。
3. 中国传统文化对于当代设计有何重要影响？请结合经典案例分析说明。

JOHN
SHEN

# 第六章

# 产品族造型

## 学习目的与要求

本章讲述了产品族造型的相关知识，基于前述章节中对单个产品形态研究的基础上，将学习视野拓展到多个系列产品的形态研究上。要求学生理解产品族的概念与起源，了解企业形象系统，理解产品族造型系统的内涵及其与企业形象系统的联系，掌握产品族造型系统的构成，了解产品族造型设计的作用，通过本章内容的学习能对各类典型产品进行产品族造型的分析与设计。

## 学习重点

1. 理解产品族的概念与起源。
2. 理解产品族造型系统的内涵及其与企业形象系统的联系。
3. 掌握产品族造型系统的构成，并将其运用到各类典型产品的产品族造型分析与设计中。

## 思政元素融入

通过本章内容的学习，使学生深刻领悟到团结精神，理解组成产品族的每个产品需要在造型系统的各个要素上保持统一的识别性，才能塑造和谐的产品家族形象。这正如中国56个民族多元一体、交织交融的融洽民族关系，中国取得令人瞩目的发展成就，是全国各族人民同心同德、同心同向努力的结果。

系列印包机械产品与电气控制台、柜造型设计实战训练的课题设置，使学生深刻认识中国制造业的崛起，增强民族自信，懂得中国制造需要通过产品造型设计形成企业的视觉形象和品牌价值。

PPT课件

产品族造型设计是对一系列产品展开的系统规划设计，是产品内在的品质形象与外在的视觉形象形成统一性的结果。企业的精神理念透过产品族的整体视觉传达系统形成强有力的冲击，供社会大众识别，以获得认同。通过造型设计方法对系列产品进行整体形象规划设计，有利于形成企业家族化的产品造型特征，塑造品牌形象和品牌效应，以在激烈的市场竞争中获利。

# 第一节　产品族的概念与起源

## 一、产品族的概念

产品族（Product Family）是一些具有大量相同或相似特征产品的统称。产品族中的产品成员在不断变化，但却共享着许多共性特征，使得同一企业的系列产品具有共同的造型识别因素。以产品平台为基础，针对一系列相关联的市场，进行产品平台和基于产品平台的相关系列产品设计，以低成本和快速开发周期满足客户的个性化需求，是一种利用有限的开发、制造和服务来发展产品多样性的方法。

## 二、产品族的起源

由系统层面对企业所生产的各类产品进行统一设计的理论，最早在20世纪70年代由德国设计师提出并在企业中加以推广，其最典型的成果就是奔驰、宝马汽车，布劳恩电器等世界驰名品牌产品族风格的形成。当时，人们用通俗的概念“家族化产品”来表述这种设计理念，所谓“家族化产品”就是由设计师为同一企业生产的不同产品赋予相似甚至相同的造型特征，使这些产品具备家族共有的共性识别因素，使不同产品之间产生统一与协调的造型效果。

## 三、产品族典型案例

一般情况下，产品族中的系列产品有关联性、独立性、组合性和互换性等特征。设计手法上通常是将功能、用途、原理、形状、规格、材料、色彩等一些（或部分）要素在纵向或横向上进行组合，或将某个要素进行扩展，以构成更多的产品系列。

1. 功能组合

将多种功能组合到一个产品上，以实现一物多用，如图6-1所示，便携口袋工具（Swisscard Lite），共有13种功能，设计精巧且功能强大，还可以提供LED照明。

2. 配套组合

将不同的产品型号构成系列，以产生品牌效应。

如图6-2所示，该系列空气净化器（SK magic）有三种不同型号，适合不同的房间面积和室内设计风格，净化器正面的通风格栅呈水平状排列，宽大的进气面积增强了净化性能。

如图6-3所示，无线报警系统（Cavius）中的热、烟、水报警器联网后可以连接在一起工作，也可以独立运行，在遇到突发情况时能够直接发出紧急呼救和通过手机反馈。

如图6-4所示，门铃（Honeywell）分为有线和无线两种类型，不同的门铃主体形态都是基于圆形与方形的集合，在模块化的单元中添加了灯光和音效，能适合各种场景下的装饰风格。

如图6-5所示，系列办公用品（Paper-folding desktop set）由八个小产品组成，设计灵感来源于传统的折纸艺术，最终运用钣金加工这一现代生产工艺实现造型。大多数产品只包含一个部件，其中一些产品能以两种不同的方式使用。

如图6-6所示，系列餐具包含刀、叉和勺，手柄部分采用水滴状的有机流线型，最大程度保证了使用时舒适的握持感。

图6-1　便携口袋工具（Swisscard Lite）

图6-2　系列空气净化器（SK magic）

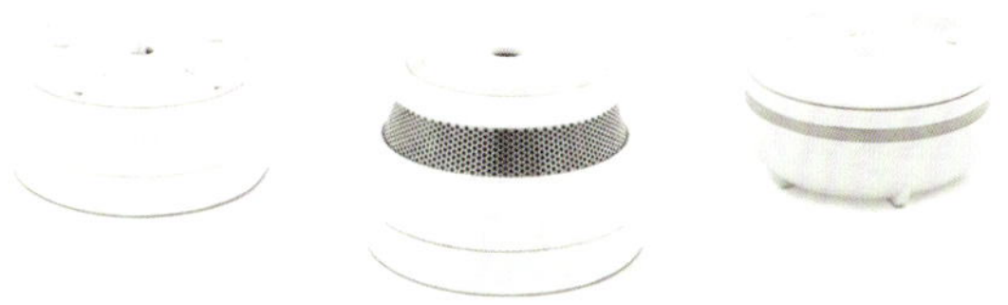

图6-3　无线报警系统（Cavius）

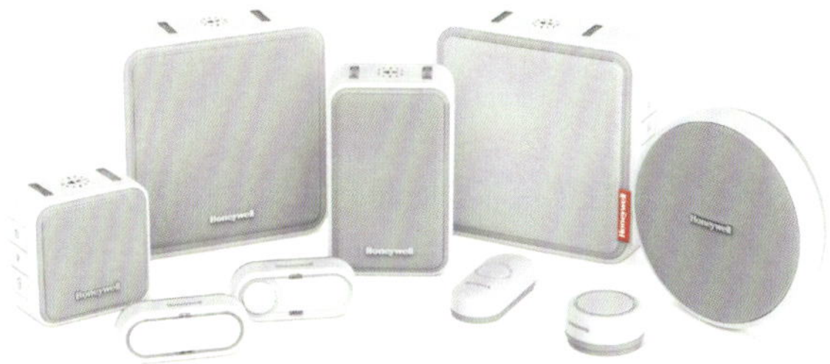

图6-4　门铃（Honeywell）

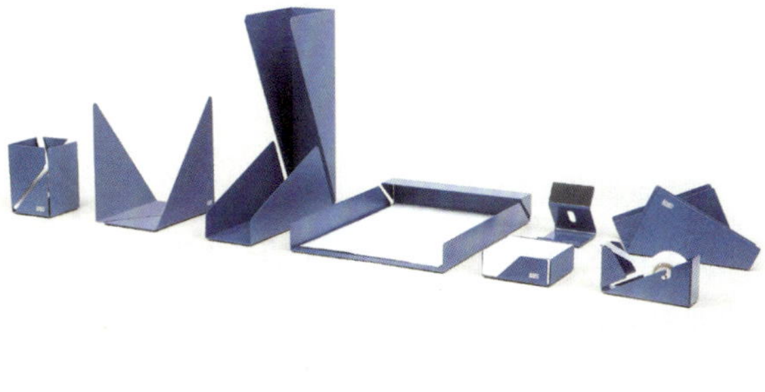

图6-5　系列办公用品（Paper-folding desktop set）

图6-6　系列餐具

# 第二节 企业形象与产品形象

## 一、企业形象的概念

企业形象是各类公众对企业的综合评价，是企业的表现与个性在公众心目中的反映。良好的企业形象折射出公众对企业的认可和赞赏，是建立稳固市场地位不可缺少的条件，因而成为现代企业竞相追求的目标之一。企业形象的魅力激励众多的企业纷纷导入“将企业的个性或特色鲜明表达出来，并广泛传达给内、外公众，使他们产生特定印象”的企业形象识别系统（Corporate Identity System，CIS）。力图通过整合企业形象的所有要素，从理念、行动和视觉等方面系统规划设计，借助全方位、多媒体的统一传播，塑造、提升出卓越的企业形象，以谋求公众心目中的战略高地，最终获得竞争优势。

## 二、企业形象系统构成要素

企业形象系统是由多种要素组成的有机整体。这些要素各自代表企业的某一特殊形象侧面，同时又彼此联系、协调，共同组成企业整体形象。一般来说，企业形象系统包括产品、市场、管理、环境、员工等各种有形和无形的要素。

产品形象指产品本身所具有的属性和附加的价值特征，包括技术先进程度、产品与服务质量、品牌战略以及市场销售状况等。

市场形象指企业的市场营销能力与竞争优势的表现，包括营销渠道网络完善程度、广告促销力量、顾客满意度、市场应变能力、市场占有率、核心竞争优势等。

管理形象指企业运用现代化的科学管理方法和手段，有效利用其资源取得最佳效益的能力，包括质量管理、财务管理、人力资源管理等。

环境形象指公众对企业环境，包括建筑物、环境布局、物质技术设备等的评价。

人员形象指企业的管理者和普通员工的素质水平，包括管理者的胆识、经营风格、个人举止，也包括广大员工的工作态度、技术水平、精神面貌以及合作精神等。

企业形象系统将这些要素整合为三个子系统。

1. 理念识别（Mind Identity，MI）

理念识别是关于企业目标、经营理念、主导文化、经营特色、管理原则、发展策略、企业特性等最深刻的部分，堪称企业之灵魂。

2. 行为识别（Behavior Identity，BI）

行为识别是体现企业理念的具体行动，涉及企业对内、对外的行动规范和风格，对内如企业日常事务、产品开发、技术发展、质量控制、职工教育培训、福利保障等；对外如市场调查、市场开发、广告及其他促销活动、公共关系、物流处理、售后服务、企业协作、公益文化、社会联谊、公害对策等。

3. 视觉识别（Visual Identity，VI）

视觉识别是企业形象具体化和视觉化的传达形式，是项目最多、识别效果最直接的部分，包括企业标志、产品商标、企业名称、标准字（色）等基本要素，以及办公用品、产品包装、广告传播、建筑环境、车辆标志、服装式样、规范手册等应用要素。

如图6-7～图6-12所示，知名企业阿里巴巴集团每年农历新年之前都会给所有员工的家人以及合作伙伴赠送《阿里家书》，精美的礼盒里有公仔娃娃、新年台历、立体相框、红包、识字卡片等，这些文创产品以每年的农历生肖动物为主题，设计对象的范围兼顾了家庭成员中的三代人，在传递浓浓年味和祝福的同时，也将企业形象与文化深深烙印在人们心里，既表达了企业对家人支持员工事业的感激之情，又极大鼓舞了员工，加强了企业的凝聚力。

## 三、企业形象的特点

1. 综合性

企业形象不是对企业个别因素的认知结果，而是由多种因素构成的统一体。从有形的产品、环境到无形的企业文化、服务态度、管理效率等无一不在展示企业形象的某个侧面，从而影响着整体形象的优劣。每一因素

图6-7 《阿里家书》礼盒

图6-8　立体相框

图6-9　公仔

图6-10　日历

图6-11　红包

图6-12　识字卡

的变化都在自觉或不自觉塑造或损害企业整体现象。片面强调某一形象因素而忽略整体形象的协调一致，只会造成公众对企业形象认知的模糊或冲突。

2．主观性

公众是企业形象的感受者和认同者，企业形象就是各种形象要素在公众心目中的印象反映，因而具有主观认知性。企业面临众多公众，包括内部公众、权力公众、媒介公众、社区公众、业务公众等，正是与各种公众间的相互理解、信赖和支持构成了企业宽松的经营环境。不同的公众受认识水平、思维方式、亲身经历、物质利益、价值观和审美观等限制，对同一企业的评价往往不同。试图用同一模式建立符合所有公众要求的企业形象显然不现实。了解不同公众的看法和需求，逐步发展和协调，是构建企业整体形象的基础。

3. 客观性

企业形象的客观性特点强调的是，唯有企业的客观现实才是企业形象的根本。任何脱离企业实际的虚假形象可能有一时的辉煌，但不可能真正深入人心。应该看到，企业形象有通过人们的主观意识与评价来反映的主观特点，但其评价对象和评价标准是客观的，刻意粉饰和夸大并不能建立稳固的形象。

4. 可塑性

现代企业越来越意识到形象是企业不容忽视的软资源，可塑性强。主动关注企业在公众心目中的印象，以企业实际为基础，适当加以引导、管理和控制，通过调查、策划、传播、反馈及改善等努力，就能建立符合企业发展目标、赢得公众支持的企业形象。

5. 相对稳定性

企业形象的树立不是一朝一夕的事，一旦形成就会给公众造成稳固的心理定式，会对企业经营活动产生长期、深远影响。也正因为这样，良好的企业形象才能成为企业可以依赖的竞争优势。但这并不等于企业形象是一成不变的，随着主、客观因素的变化，企业形象也有动态表现。可能是企业主动改变发展战略、调整自身的形象定位，也可能由于外部环境因素的变动改变了企业在市场竞争中的实力强弱、领先程度、知名度与美誉度高低等的得分，公众认知和评价随之改变。

6. 差异性

在市场竞争中，雷同的企业形象无法发挥其应有的竞争力，反而易造成混淆，甚至损害企业利益，所以有人说“形象没有个性等于没有形象”。树立企业形象的根本目的就是突出企业个性、追求差异，以便消费者能识别、认同和记忆。企业形象的差异性不仅表现为外观、标志的独具特色，更深刻体现在企业经营哲学、文化氛围、市场定位、营销方式、组织结构等新意上。

# 第三节　产品族造型系统

企业产品必然不会以单个形式出现，企业在同一时期推出的水平产品和不同时期推出的系列垂直产品构成了企业的产品族。因此，企业产品形象设计的核心就是如何规划和设计产品族造型系统。

## 一、产品族造型系统的内涵

产品族造型系统是为实现企业形象总体目标而进行的产品细化设计与实施，是在企业形象系统基础上建立起来的一套具有市场针对性的造型设计系统。具体来说，就是将企业系列产品的造型通过一定的视觉识别设计，予以视觉化、规范化和系统化，并通过整合性宣传，使公众产生一致的认同感和价值观。

产品族造型系统综合考虑了产品的各项识别要素与形态要素、文化取向、品牌战略，遵循了识别要素整合设计的系统化思想。产品族造型系统是产品在设计、研发、流通和使用中形成的统一形象特质，通过产品构成的功能特征与物质特征，展示企业品牌理念、目标及价值体系，最终获得社会公众的认同，在市场上确立品牌产品独特、鲜明的整体形象特征。产品族造型系统表述了品牌理念及品牌核心价值体系在产品的功能内容、结构系统、视觉形象等方面是怎样转换为符号化语言特征的，并以此建立起抽象概念（品牌理念与价值体系等）与具象形式（具体产品设计方案）之间的桥梁。

产品族造型系统由与企业理念、品牌观念等相关的理念识别层面和在其指导下的产品综合外在表现层面所构成。

## 二、产品族造型系统构成要素

1. 理念识别层面

指产品向用户提供的核心价值或传达的主要信息，包括企业理念、精神远景、文化以及品牌观念，也包括使用过程中产生的用户体验。产品族造型的理念层面是产品所体现的核心价值，是对企业理念和价值观的一种细化。提出富有特色的原创性产品理念，是企业建立产品族造型的前提和基础。世界许多知名公司都在竭力推广自己产品的原创性理念，从而在商业竞争中保持优势地位。

2. 视觉识别层面

产品族造型所能表达的形象相当广泛，它包括产品外部通过视觉所能感知到的所有形象，主要分为形态识别、色彩识别、材质识别、界面识别四个方面。

形态识别：形态的概念不同于单独孤立的形状，它是无数个面的综合体，是一个产品所呈现的整体视觉形象。形态是吸引用户注意的首要因素，认知心理学认为，用户获得信息的90%都源自视觉，产品形态上的相似或差异是引发用户视觉注意的首要因素。因此，形态是产品族造型系统中最具传达力和影响力的要素之一。通过形态这个载体，企业把对于产品功能、操作、情感、品牌甚至企业形象的认识都融入产品中，使产品成为企业与用户之间沟通的桥梁。

色彩识别：与形态一样，色彩也是最直接的视觉传达要素之一。色彩具有文字和其他语言无法替代的作用，能够超越不同语言、年龄和文化程度所造成的障碍而表达各种信息。色彩不仅能理性传达信息，还能以特有的魅力激起用户的情感反应，达到影响和感染人的目的。不同的民族、地域和文化背景，对色彩的理解不一样。但对于科技含量高的数字产品来说，用户在感性上也有共通的一面。

材质识别：材质识别包括材料和质感两个方面。材料是实现产品识别策略的重要物质媒介。一种符合产品属性的新材料的使用，会让消费者对整个企业产生一种青春活力和不断创新的感受。如电子产品中，TCL的珠宝材料、三星运用灰系列金属与深色材料的对比，都与20世纪90年代令苹果电脑声名远扬的透明材料应用是相似的。系列产品中相同的材料运用，会使用户产生一种“连接效应”，从而达到产品族造型识别的效果。与形态识别相比，材质识别处于非核心地位，但它与形态识别配合后，会产生一种绝佳的识别效果。质感包含了人的主观感觉，有视觉和触觉两方面。不同的质感传达不同的产品理念：高光质感的产品可以满足人们喜欢炫耀的心理，如汽车的外壳大多采用高光烤漆工艺来提升形象，磨砂质感的产品显得内敛且具品位，金属拉丝质感的产品能体现很强的高科技感，透明和半透明质感的产品让人有时尚、前卫的感觉，木纹质感的产品体现一种怀旧和经典的风格，如音响刻意加上木纹镶板以增加历史厚重感等。

界面识别：界面已经成为许多产品不可缺少的一部分，操作方式相似、符合用户习惯、可用性强的界面是企业水平产品（同期推出的产品）和垂直产品（产品系列）之间最容易让用户产生识别统一认知的软性因素。如有些品牌的手机，其先前机型的界面操作方式和后续机型之间存在着诸多不同，这就让老用户在迁移他们已有的使用经验时，容易产生认知上的错误。因此，企业在研发手机时就需要关注这个问题，每一款新手机的界面设计几乎都是其对应老机型的再生与完善。

# 第四节　产品族造型设计的作用

产品族形象是企业形象的重要组成部分，是企业在特定的经营与竞争环境中，设计和塑造企业形象的有力手段，由此决定了其基本功能是通过各种传播方式和传播媒体，将企业存在的意义、经营思想、经营行为、经营特色与个性进行整体性、组织性和系统性的传达，以获得社会公众的认同、喜爱和支持，用良好的企业形象这种无形资产，创造更辉煌的经营业绩。

产品族造型设计能够塑造鲜明而统一的产品族形象，对于企业的发展有重要的影响作用。

## 一、有助于建立企业形象

当企业显示出强烈的社会责任感，注重维护公众利益，为市场提供实用、便利、经济、安全、卫生的高品质产品和服务时，便在市场上树立起了良好的企业形象，增强了顾客对企业的信任度。这种经验、感知和印象在顾客购买行为中，往往起着决定性作用。

## 二、有助于增强企业凝聚力

具有良好的产品形象的企业，员工有荣誉感和归属感，易于形成强大的向心力和凝聚力。这种强大的向心力和凝聚力，不仅形成内聚的黏合效应，而且会吸引各类优秀人才加盟企业，为创造市场竞争优势提供人才支持。

## 三、有助于提高企业竞争能力

科技进步使得产品制造进入成熟化和标准化阶段，产品成本、功能、质量、款式及服务趋同，企业之间的差距日益缩小，由此导致企业之间的竞争从质量、功能、价格、技术、规模转向企业声誉和企业形象的竞争。在其他因素基本相同的情况下，具有良好产品形象的企业更容易为市场接受，具有良好品牌声誉的产品更容易为广大用户喜爱和竞相购买，从而大大提高企业竞争实力，使其在激烈的市场竞争中立于不败之地。

## 四、有助于企业获得社会效益

企业经营运作不仅是企业自身的行为，还涉及社会的方方面面，离开社会各界的喜爱、信任、支持和帮助，企业很难生存和发展。经过长期努力建立起企业与社会公众之间令人满意的关系状态并以此为基础形成良好的产品形象，是企业最宝贵的无形财富。企业凭借良好的产品形象，能赢得更广泛的社会支持，能借助新闻媒体之力传播企业美誉，能得到政府在财政、税收、政策等方面的扶植与帮助。

产品族造型绝非自然形成，从规划设计到传播塑造必须进行科学管理。因此，产品族造型属于更高级、更复杂的设计阶段，需要综合前面所学的相关知识并灵活运用。

# 第五节　实战训练——系列印包机械产品造型设计

## 一、设计要求

（1）请针对三款印包机械产品，包括上海紫光机械有限公司的商用轮转印刷机、上海亚华印刷机械有限公司的自动模切机、上海申威达机械有限公司的程控切纸机进行产品族造型设计。

（2）以模块化和通用化的设计手法对三个不同产品造型的共性元素，如观察框、锁具、拉手、扶杆、踏脚板、控制面板、按钮、标识等进行系统层面的产品形象规划。

（3）设计方案要体现上海电气集团产品的大气、稳重、简洁、明快，能反映企业品牌形象，产品配色以白色为主、蓝色为辅。

## 二、预期目标

（1）训练学生在掌握产品族造型的相关理论和技巧后，能进行更复杂的机电产品族造型设计。

（2）训练学生在深刻理解企业形象与文化后，能将相关元素通过产品族造型设计体现在具体产品中。

（3）训练学生掌握模块化和通用化的设计方法。

## 三、设计展开

### 1. 原产品造型分析

如图6-13～图6-15所示，每个产品都针对自身功能定位进行了造型设计，较好地解决了形态要素、色彩

图6-13　商用轮转印刷机

图6-14　自动模切机

图6-15　程控切纸机

要素、人机关系等基本的工业设计问题。这只是初级的造型设计阶段，提高到系列产品形象的规划层面还远远不够。首先，每个产品都有通用部件，若引入模块化与通用化的设计方法，能使某些相同的产品部件运用到不同的产品中。其次，三个产品的形态、色彩、材质以及界面设计缺乏统一的识别性，无法传达企业形象和品牌价值。

**2. 产品族造型设计方案**（此为“上海电气杯”第五届工业设计大奖赛银奖作品，设计者：朱彦）

如图6-16～图6-18所示为PIA-Ⅱ商用轮转印刷机、MW 1050AⅡ自动模切机、SQZKM 1150程控切纸机的设计方案，针对前文所述的产品族造型系统构成内容具体阐述设计思路。

（1）形态设计。整体形态构思从产品的三维尺度比例所体现的视觉特征（如饱满或挺秀、柔和或刚直）以及轮廓线型上寻求适用于家族产品的综合形态处理，考虑到实际加工工艺的选择，三个产品的整体形态均为两个大弧面实体包裹的错层空间关系，以柔化原产品过于僵直的造型。其次是细节部件的形态，着重从产品的体面转角、控制面板、辅助部件等细节上塑造系列产品的家族特征。如三个产品中均配有防护罩，在设计散热孔形态时，采用腰形孔，尺寸规格一样，可以实现模具共用。

（2）色彩设计。基于企业要求，产品整体色彩搭配采用白色为主色、蓝色为辅色的形式。大面积低纯度的白色运用可以统一整体产品形象，小面积高纯度的蓝

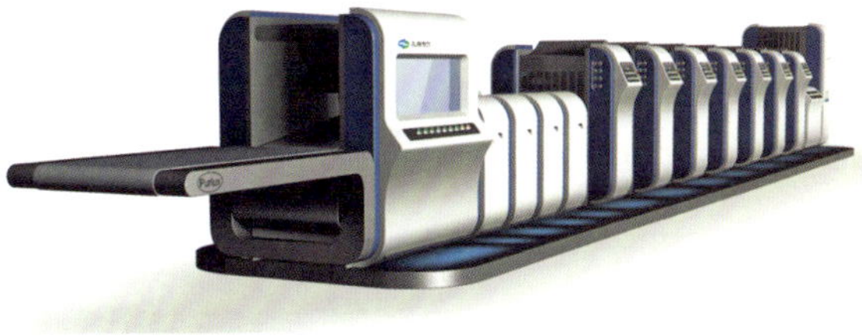

图6-16　商用轮转印刷机设计方案

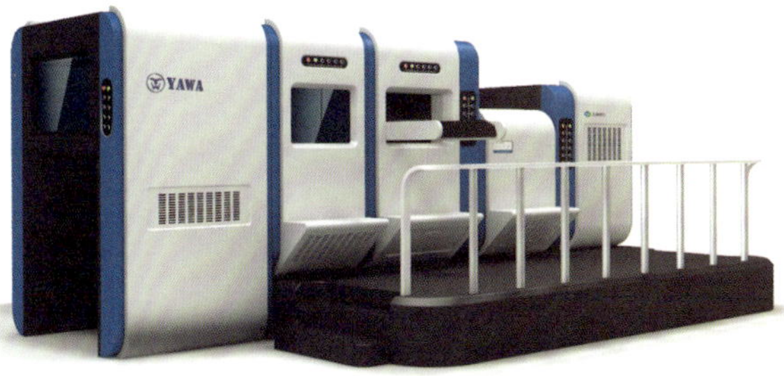


图6-17　自动模切机设计方案

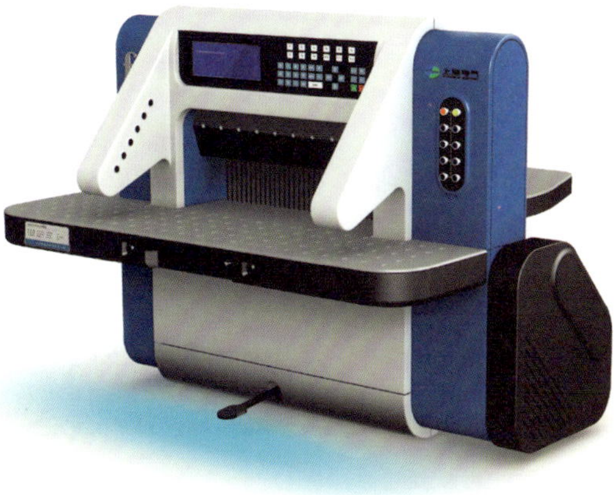

图6-18　程控切纸机设计方案

色运用则使整体形象活跃有变化。在一些功能部件，如观察框、踏脚板、台阶、防护罩、控制面板的色彩设计中采用了金属黑色，平衡整体色彩关系，达到和谐统一的色彩效果。大型机电产品采用黑灰色系，大气而不张扬，能体现稳重感和现代感。各个控制按钮的色彩则根据实际功能分类配色，警示类按钮采用红色或黄色，达到醒目的提示效果。

（3）材料工艺的选择。材料工艺的选择与形态塑造密切相关，三个产品的机身为大弧面实体包裹的形态语言，这其中所有的弧面半径都是一致的，在冲压时可以共用一套模具。从经济角度来看不仅可以最大程度节省成本，同时由于模具共用也将产生统一的形态，形成一致的产品形象。机身的表面处理采用了喷粉工艺，控制面板表面处理用塑料贴膜，面板上的字体与标识均为丝网印刷。自动模切机、商用轮转印刷机的操作台阶与程控切纸机的切纸操作平台为金属黑色阳极氧化处理。

（4）交互界面设计。三个产品底部安装了显示工作状态的指示灯。当机器工作时，底部会发出蓝色灯光，如图6-19所示为印刷机工作状态，能明确界定机器的工作状态与非工作状态，提供人性化的友好提示。观察窗口均为圆弧导角形态，且向内斜切一定角度，扩大了观察视野，提高了宜人性和舒适性。技术参数标牌均采用统一的平面布局风格，色彩和字体的选择与排布呈现出统一的识别性。

图6-19　印刷机工作状态

## 四、设计回想

三个目标产品所在企业同属于上海电气集团，与国外同类产品相比，其在功能与技术层面差距不大，但在市场占有率方面却相距甚远，重要原因就是没有形成该企业特有的产品视觉形象和品牌价值。

系列印包机械产品的造型，一般可通过主要特征形式元素的不断重复延续进行设计。这里的特征形式元素可以是产品的整体轮廓线、细节特征、色彩、装饰和材质等多种因素，在延续中可以选择其中的一个或多个进行重复应用。另外，企业也可以通过产品视觉形象库的建立来提供延续性设计素材，并根据市场变化做出顺应市场潮流的变革，在不断演变中把握市场并提升品牌形象。

# 第六节　实战训练——电气控制台、柜造型设计

## 一、设计要求

（1）请针对电气控制台、柜产品进行产品族造型设计。

（2）对产品造型的共性元素进行系统层面的产品形象规划。

（3）设计方案要体现上海电气集团产品的大气、稳重、简洁、明快，能反映企业品牌形象，产品配色以白色为主、蓝色为辅。

## 二、预期目标

（1）训练学生在掌握产品族造型的相关理论和技巧后，能进行更复杂的机电产品族造型设计。

（2）训练学生在深刻理解企业形象与文化后，能将相关元素通过产品族造型设计体现在具体产品中。

（3）训练学生掌握模块化和通用化的设计方法。

## 三、设计展开

### 1. 原产品造型分析

在现代化生产系统中，常将有关的显示器、控制器等集中布置在工作台上，让操作者方便、快速监控生产过程，具有这一功能的工作台称为控制台。对于自动化生产系统而言，控制台就是包含显示器和控制器的作业单元。

按电器接线要求将开关设备、测量仪表、保护电器和辅助设备组装在封闭或半封闭的金属柜中，具有这一功能的金属柜称为控制柜。其布置应满足电力系统正常运行要求，便于检修且不危及人身及周围设备的安全。

如图6-20～图6-21所示，原产品造型设计仅从满足基本功能的角度出发，并未考虑到使用者的操作和心理需求以及电气控制台、柜实际工作的环境，设备罩壳基本围绕产品结构设计，造型多采用方直形以及直接在方直形上做切割，缺乏变化且呆板僵硬，色彩大面积采用灰白色，使人感觉单调和乏味。

### 2. 产品族造型设计方案（此为“上海电气杯”第六届工业设计大奖赛金奖作品，设计者：朱彦）

如图6-22～图6-23所示为电气控制台、柜设计方案，针对前文所述的产品族造型系统构成内容具体阐述设计思路。

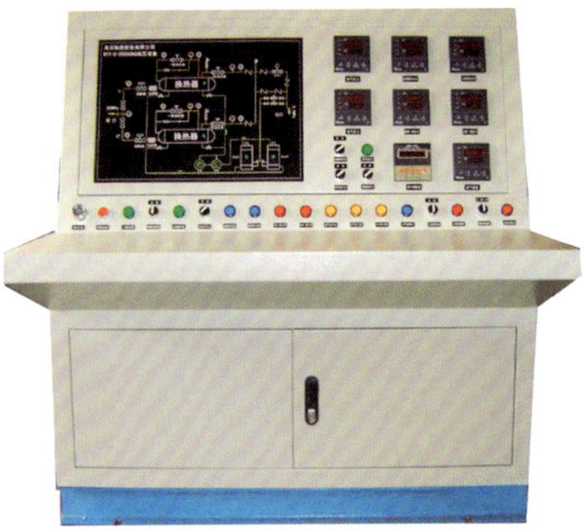

图6-20　控制台原产品

图6-21　控制柜原产品

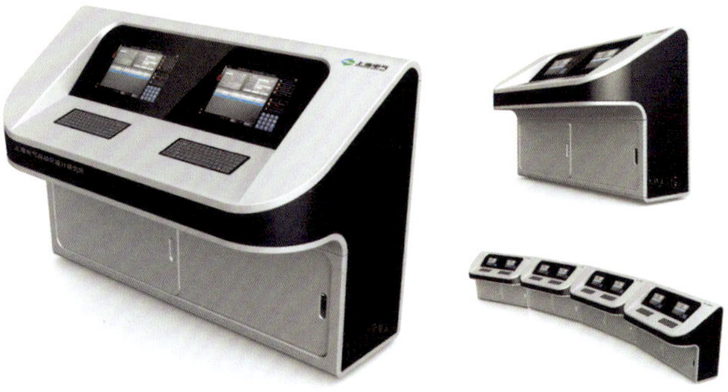

图6-22　电气控制台设计方案

图6-23　电气控制柜设计方案

电气控制台、柜的外形简洁有现代感，考虑到实际加工工艺的选择，整体形态主要为直线、平面和单曲面的结合，以柔化原产品过于僵直的造型。充分考虑到产品实际工作环境及使用需求，采用分段组合式的模块化设计,使多个控制台、柜能进行任意数量的排列组合，既可单独使用又能群组化使用。色彩设计充分考虑人机协调关系，产品要使人产生有利于工作的情绪反馈，采用浅色调避免引起人的视觉疲劳。

电气控制台从上往下俯瞰，操作平面两侧向内斜切5度，当多个产品组合使用时，产品族群呈弧形围合状态，便于组员间交流。控制台下部柜门采用移门方式，方便使用。显示界面呈45度倾角，能给操作者提供舒适的观察视角。

电气控制柜门的整体形态为弧形，使得原机柜的方直造型更加柔和，柜门外框为黑色塑胶材质，内圈为通透的有机玻璃，可让操作者清楚地观察内部显示屏及机柜运转情况。

## 四、设计回想

作为同一企业的电气控制台、控制柜产品，需要从共性元素出发进行系统层面的产品形象规划。在整个设计过程中，从产品的整体造型语意、组合使用场景、配色关系与比例等多个角度入手，进行了产品族造型设计。

### 思考题

1. 什么是产品族？请举两例详细说明。
2. 产品族造型系统与企业形象系统之间有何联系？
3. 产品族造型系统主要由哪几部分构成？请结合具体的产品族造型方案详细分析。

# 第七章

# 产品设计与知识产权保护

## 学习目的与要求

本章讲述了产品设计中知识产权保护的相关知识，要求学生理解知识产权的概念和分类，重点掌握专利权的种类与特点，理解商标权的概念与特点，通过本章内容的学习能树立工业设计中的知识产权保护意识。

## 学习重点

1. 理解知识产权的概念和分类。
2. 掌握专利权的种类与特点，并通过设计实战训练掌握外观设计专利申请书撰写要点。
3. 理解商标权的概念与特点。

## 思政元素融入

通过本章内容的学习加强学生的法制意识，使学生认同并支持中国社会主义法制体系，具备知识产权保护意识，在设计作品时杜绝抄袭和剽窃行为，自觉遵法、学法、守法、用法，拥护社会主义法治国家建设。

PPT课件

产品设计通常以一种新功能或新造型的结果体现出来，其灵魂在于创新，经常会涉及相关的知识产权保护问题。创新是引领发展的第一动力，保护知识产权就是保护创新。全面建设社会主义现代化国家，必须更好地推进知识产权保护工作。

我国知识产权保护工作，自中华人民共和国成立后不久就开始了。1950年，我国颁布了《保障发明权与专利权暂行条例》《商标注册暂行条例》等法规，对实施专利、商标制度做出了初步探索。党的十一届三中全会后，我国知识产权工作逐步走上正轨。党的十八大以来，党中央把知识产权保护工作放在更加突出的重要位置，出台了《深入实施国家知识产权战略行动计划（2014—2020年）》《国务院关于新形势下加快知识产权强国建设的若干意见》《“十三五”国家知识产权保护和运用规划》等系列决策部署。在党和国家的机构改革中，重新组建了国家知识产权局，实现了专利、商标、原产地地理标志等知识产权类别的集中统一管理。

# 第一节 知识产权

## 一、知识产权的概念

知识产权是国际上广泛使用的一个法律概念，不仅反映一个国家的技术创新能力，也是一种越来越重要的市场竞争工具。国内外市场上企业之间的竞争经常表现为运用知识产权工具对产品创新进行保护。

“知识产权”一词是在1967年世界知识产权组织成立后出现的，也称知识所属权，指权利人对其智力劳动所创作的成果和经营活动中的标记、信誉所依法享有的专有权利，一般只在有限时间内有效。知识产权本质上是一种无形财产权，它的客体是智力成果或是知识产品，是一种无形财产或精神财富，与房屋、汽车等有形财产一样，都受到国家法律保护，具有价值。有些重大专利、驰名商标或作品的价值远远高于房屋、汽车等有形财产。

知识产权范围包括专利、商标、著作权及相关权、集成电路布图设计、地理标志、植物新品种、商业秘密、传统知识、遗传资源以及民间文艺等。各种智力创造比如发明、外观设计、文学和艺术作品，以及在商业中使用的标志、名称、图像，都能被认为是某一个人或组织所拥有的知识产权。随着科技的发展，为了更好地保护产权人的利益，知识产权制度应运而生并不断完善。

## 二、知识产权的分类

知识产权是智力劳动产生的成果所有权，它是依照各国法律赋予符合条件的著作者、发明者或成果拥有者在一定期限内享有的独占权利。知识产权通常包括两大类：一类是著作权，也称为版权、文学产权；另一类是工业产权，也称为产业产权。

1. 著作权

著作权指自然人、法人或其他组织对文学、艺术和科学作品依法享有的财产权利和精神权利的总称。广义的著作权还包括邻接权，我国《著作权法》称之为“与著作权有关的权利”。

2. 工业产权

发明专利、商标以及工业产品外观设计等组成工业产权，具体涵盖专利、商标、服务标志、厂商名称、原产地名称，以及植物新品种权和集成电路布图设计专有权等。工业产权是工业、商业、农业、林业和其他产业中具有实用经济意义的一种无形财产权，主要包括专利权与商标权。

# 第二节　专利权

专利权简称专利，是知识产权的一种，指依法批准的发明人或其权利受让人对其发明成果在一定年限内享有的独占权或专用权。专利权是一种专有权，一旦超过法律规定的保护期限，就不再受法律保护。

申请专利可以保护自己的发明成果，防止研究成果流失，同时也有利于科技进步和经济发展。企业在新产品开发与设计中，可以通过申请专利的方式占据新技术及其产品的市场空间，获得相应的经济利益，如通过生产销售专利产品、转让专利技术和专利入股等方式获得产品自身利润以外的经济效益。

## 一、专利权的种类

根据我国《专利法》规定，专利权包括发明专利、实用新型专利和外观设计专利，其中发明专利是最主要的一种专利权。

1. 发明专利

发明专利指对产品、方法或其改进所提出的新技术方案，技术含量最高，发明人所付出的创造性劳动最多，其特点包括：

（1）发明是一项新的技术方案，是利用自然规律解决生产、科研、试验中各种问题的技术解决方案，一般由若干技术特征组成。

（2）发明分为产品发明和方法发明两大类型。产品发明包括所有由人创造出来的物品；方法发明包括所有利用自然规律通过发明创造产生的方法。方法发明又可以分成制造方法和操作使用方法两种类型。

（3）专利法保护的发明也可以是对现有产品或方法的改进。

授予专利权的发明，应当具备新颖性、创造性和实用性。新颖性是指在申请日以前没有同样的发明在国内外出版物上公开发表过，在国内公开使用过或以其他方式为公众所知，也没有同样的发明由他人向专利行政部门提出过申请；创造性是指同申请日以前已有的技术相比，该发明具有突出的实质性特点和显著的进步；实用性是指该发明能够制造成产品或者可以使用，并能够产生积极效果。

2. 实用新型专利

实用新型专利指对产品的形状、构造或其结合所提出的适于实用的新技术方案，这种新的技术方案能够在产业上制造出具有使用价值和实际用途的产品。实用新型专利应具备以下特征：

（1）实用新型专利的产品必须实用，如仪器、设备、用具或日用品。

（2）必须具有一定的形状和结构。如果是没有固定形态的物质，如气体、液体和呈粉末状的固体（如砂糖、面粉）等，均不能成为实用新型专利的保护对象。

3. 外观设计专利

外观设计专利指对产品的形状、图案或其结合，以及色彩与形状、图案的结合进行的富有美感并适于工业应用的新设计。外观设计专利必须与具体的产品相结合，不解决任何技术问题，单纯以产品的形状、图案和色彩等作为要素，不考虑材料及是否实用等因素。外观设计专利必须适合于工业应用，即该外观设计可以通过工业手段量产复制。

外观设计专利是企业之间竞争的第一道战线，新颖别致的产品美化了环境，提高了人们的审美情趣，进而赢得了市场和消费者。同时，外观设计专利是三种专利中审批最快的一种，容易实施、投资少、风险小、见效快，在新产品设计开发时易受到众多企业的关注，给企业带来巨大的经济效益。

## 二、专利权的特点

与有形财产相比，专利权是一种无形财产，有其独有的特点。

1. 独占性

独占性也称专有性，指专利权人对其发明创造所享有的独占性的制造、使用、销售和进口的权利。其他任何单位或个人未经专利权人许可不得以生产、经营为目的制造、使用、销售和进口其专利产品或使用其专利方法，否则就是侵犯专利权。

2. 地域性

一个国家依照本国专利法授予的专利权，仅在该国法律管辖的范围内有效，对其他国家没有任何约束力，其他国家对其专利权不承担保护义务，如果一项发明创造只在我国取得专利权，那么专利权人只在我国享有专有权或独占权。如果有人在其他国家和地区生产、使用或销售该发明创造，则不属于侵权行为。明确专利权的地域性特点很重要，可以及时将研制出的有国际市场前景的发明创造，在世界范围内进行专利申请，以及时享有良好的国内外市场保护。

3. 时间性

专利权人对其发明创造所拥有的专有权只在法律规定的时间内有效，期限过后，专利权人对其发明创造就不再享有制造、使用、销售和进口的专有权。此时原来受法律保护的发明创造就成了社会的公共财富，任何机构或个人都可以无偿使用。

对于专利权的期限，各国相关法律法规都有明确规定。对发明专利权的保护期限一般为自申请日起10～20年不等，对于实用新型和外观设计专利权的保护期限，大部分国家规定为5～10年。《中华人民共和国专利法》规定的发明专利、实用新型专利以及外观设计专利的保护期限分别为自申请日起20年、10年和15年。随着社会发展，一项专利经常在保护期还未结束就已经失去了实用价值，因为产品无论在技术或结构方面都会随着时代发展而快速更新。

# 第三节　商标权

## 一、商标权的概念

商标是指用各种文字或图案标注在商品或商品包装上的标记，用来代表商品质量、特点和生产经营者的标志，是联系企业和消费者的纽带。商标权是商标所有人对商标依法注册而取得的专用权，是一种企业无形资产。

## 二、商标权的特点

市场竞争日益激烈，商标尤其是驰名商标所起的作用越来越显著，是企业产品质量和服务信誉的体现，也是企业在市场中竞争能力和效益创造能力的展示。因此，企业应该有效利用商标权的特点，进行自身创造成果的保护和推广。商标权的特点有以下两方面。

### 1. 排他性

商标一经注册，其所有人以外的公民或其他法人就不能再在同类商品上使用与注册商标相同或类似的商标，否则就构成侵权。企业在新产品设计开发中，应当及时申报获得商标权，对自身的创新成果进行保护。

### 2. 延续性

我国《中华人民共和国商标法》规定，注册商标的有效期限为10年，但期满后可申请延续使用。企业在关注产品生命周期的同时，应更加关注产品商标权的适度延续，以保障和促进其生命周期的延续，从而获得更大的效益。

# 第四节　实战训练——服务机器人外观设计专利申请

## 一、要求

请为如图7-1所示的三款机器人造型设计方案撰写外观设计专利申请书。

## 二、预期目标

（1）培养学生树立知识产权保护意识。

（2）使学生掌握外观设计专利申请书的撰写要点，能绘制同一产品的六面视图及立体图。

## 三、示范案例

外观设计专利申请书的撰写以绘图为主，并辅以简要的文字说明。图可以是产品外形轮廓的线框图，也可以是渲染图，以下三个示范案例分别以线框图和渲染图这两种不同的形式展示。

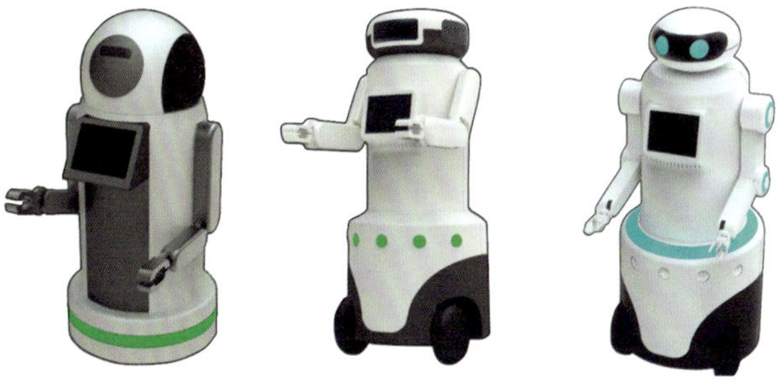

图7-1　三款机器人造型设计方案

1. 生活管家机器人（专利号：ZL 2009 3 0097504.X 设计人：朱彦等）

如图7-2所示，本案已获外观设计专利授权。申请书中专利图采用的是线框图形式，需要将产品的可见外形轮廓线从六个不同视角清晰表达出来，出图时要注意不同视图之间的同一部件轮廓线的对应关系，再配一张透视角度的立体图即可。

2. 小护士机器人（专利号：ZL 2009 3 0097505.4 设计人：朱彦等）

如图7-3所示，本案已获外观设计专利授权，出图要点同上，采用线框图形式，从六个不同视角表达产品的可见外形轮廓线，并配一张透视角度立体图。

3. 护理机器人（专利号：ZL 201130059022.2 设计人：朱彦等）

如图7-4所示，本案已获外观设计专利授权。申请书中专利图采用的是渲染图形式，出图时需要注意背景色与产品各部件主体色之间的差异，以能突出产品的外形轮廓为目标，并辅以简要文字说明，本外观设计“护理机器人”是一款机器人产品，其设计要点在主视图，指定主视图为本外观设计的设计要点图。因仰视图无设计要点，故省略。

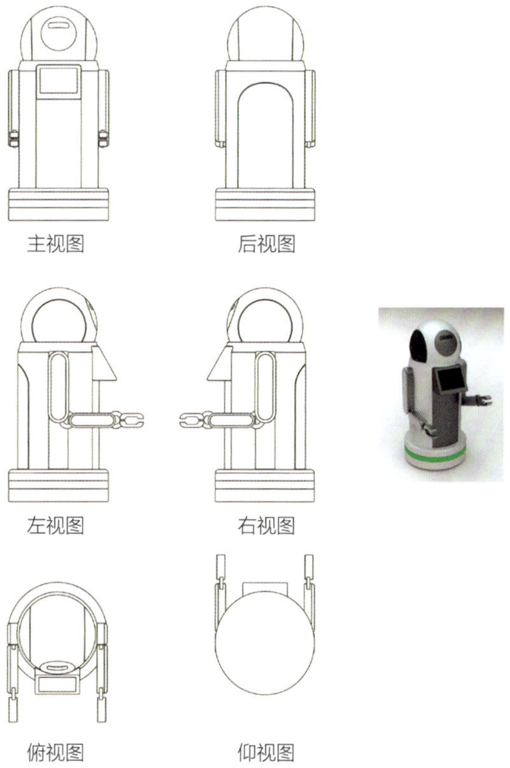


图7-2　生活管家机器人

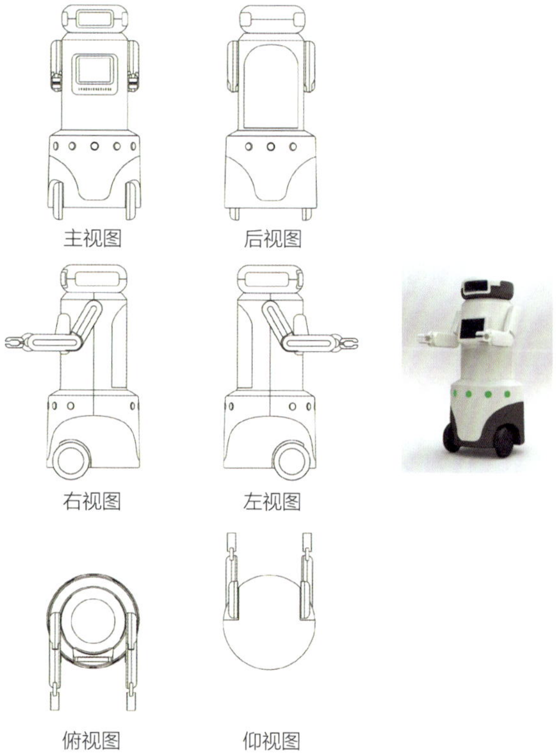


图7-3　小护士机器人

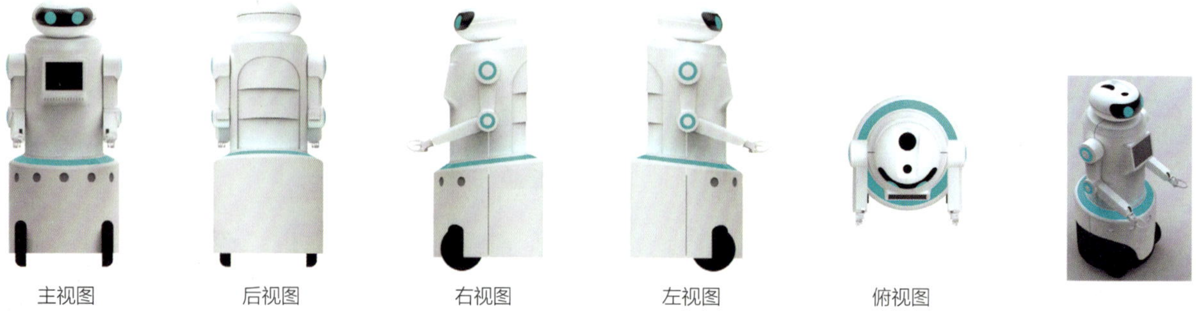


图7-4　护理机器人

# 第五节　实战训练——电气控制台外观设计专利申请

## 一、要求

请为如图7-5所示的电气控制台造型设计方案撰写外观设计专利申请书。

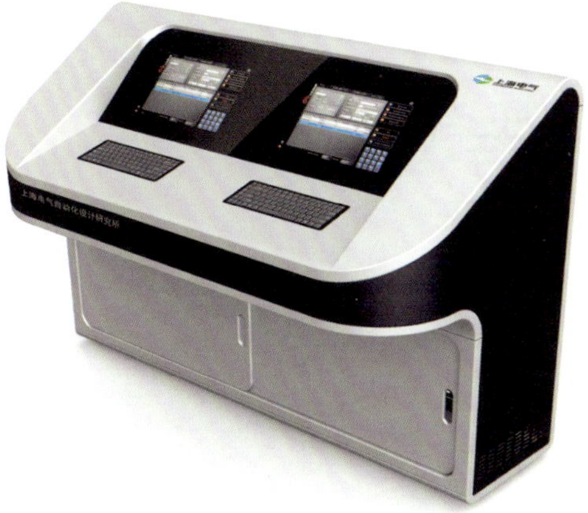

图7-5　电气控制台造型设计方案

## 二、预期目标

（1）培养学生树立工业设计中的知识产权保护意识。

（2）使学生掌握外观设计专利申请书的撰写要点，能绘制同一产品的六面视图及立体图。

## 三、示范案例

外观设计专利申请书的撰写以绘图为主，并辅以简要的文字说明。图可以是产品外形轮廓的线框图，也可以是渲染图，以下示范案例主要以线框图的形式展示。

如图7-6所示，申请书中专利图采用的是线框图形式，需要将产品的可见外形轮廓线从六个不同视角清晰表达出来，出图时要注意不同视图之间的同一部件轮廓线的对应关系，再配一张透视角度的立体图即可。

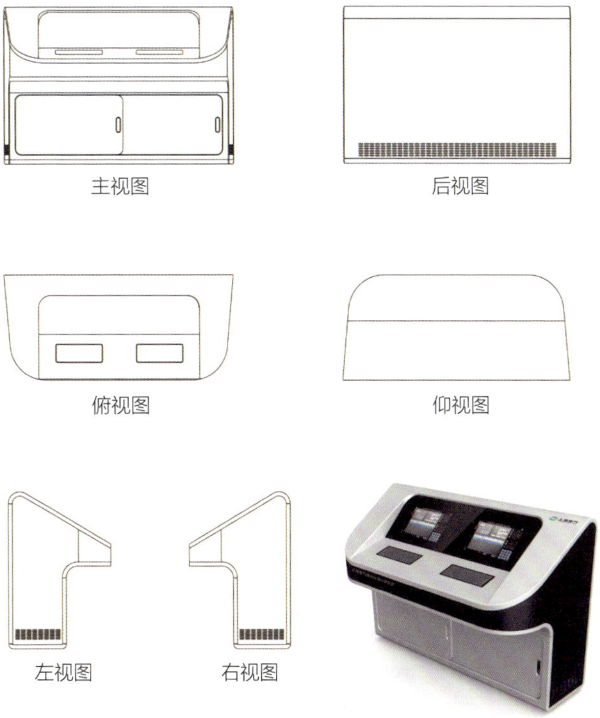


图7-6　电气控制台

## 四、设计回想

我国当前正在从知识产权引进大国向知识产权创造大国转变，知识产权工作正在从追求数量向提高质量转变，必须从国家战略高度和进入新发展阶段要求出发，全面加强知识产权保护工作，促进建设现代化经济体系，激发全社会创新活力，推动构建新发展格局。产品造型设计所输出的结果不可避免会涉及知识产权保护，通过示范案例的详细说明，教会学生申请外观设计专利的基本步骤与方法，帮助他们及时保护自己的优秀设计成果。

## 思考题

1. 什么是知识产权？知识产权主要包括哪些类别？
2. 根据《中华人民共和国专利法》规定，专利权包括哪几个类别？
3. 如何撰写外观设计专利申请书？请选择自己设计的一款产品，尝试撰写专利申请书。

# 参考文献


[1] 张鑫. 产品造型设计基础 [M]. 合肥：合肥工业大学出版社，2016.

[2] 汤军. 产品设计综合造型基础 [M]. 北京：清华大学出版社，2012.

[3] 胡俊，等. 产品设计造型基础 [M]. 武汉：华中科技大学出版社，2017.

[4] 孙德明. 中国传统文化与当代设计 [M]. 北京：社会科学文献出版社，2015.

[5] 张萍. 工业产品造型设计 [M]. 北京：机械工业出版社，2020.

[6] 刘永翔. 产品设计 [M]. 北京：机械工业出版社，2019.

[7] 曹祥哲. 产品造型设计 [M]. 北京：清华大学出版社，2018.

[8] 姚江. 产品形态设计 [M]. 南京：东南大学出版社，2014.

[9] 毛斌. 产品形态设计 [M]. 北京：电子工业出版社，2020.

[10] 李西运. 产品形态设计 [M]. 北京：中国轻工业出版社，2019.

[11] 陈启杰，等. 市场调研与预测 [M]. 上海：上海财经大学出版社，2014.

[12] 杜震宇. 生物学科课程思政教学指南 [M]. 上海：华东师范大学出版社，2020.

[13] 萧明瑜. 皮尔斯符号三角形应用于文创产品设计之研究 [D]. 台湾：朝阳科技大学，2014.

[14] 邱松. 造型设计基础 [M]. 北京：高等教育出版社，2015.

[15] 袁涛. 工业产品造型设计 [M]. 北京：北京大学出版社，2011.

[16] https://www.red-dot.org.